"十四五"普通高等教育本科部委级规划教材

服装学科系列教材

李 正 │ 刘婷婷 主编

翟嘉艺 │ 杨 敏 副主编

服装CAD教程

FUZHUANG CAD JIAOCHENG

中国纺织出版社有限公司

内 容 提 要

本书以富怡服装CADV10.0与CLO3DV7.0系统为对象进行实践讲解。主要内容包括服装CAD系统概述、服装CAD制板及纸样创新设计、服装CAD放码和排料，以及如何将服装CAD样板导入、三维虚拟试衣展示等基础知识，系统化地介绍了服装CAD的硬件配置、软件应用环境。此外，还列举了大量丰富的基础、创新纸样实例，将服装CAD的关键技术与操作技巧运用到具体案例之中，具有很强的实用性。最后一章针对实例进行作品鉴赏，为提高学生服装CAD的创新性提供了新的思路。

本书样板数据可信度高，可作为服装类专业培养高等应用型、技能型人才的教学用书，也可作为服装从业人士的业务参考书及企业的培训用书，适合广大服装设计爱好者阅读与收藏。

图书在版编目（CIP）数据

服装CAD教程/李正，刘婷婷主编；翟嘉艺，杨敏副主编.-- 北京：中国纺织出版社有限公司，2023.10

"十四五"普通高等教育本科部委级规划教材

ISBN 978-7-5180-5884-6

Ⅰ.①服… Ⅱ.①李… ②刘… ③翟… ④杨… Ⅲ.①服装设计—计算机辅助设计—AutoCAD软件—高等学校—教材 Ⅳ.① TS941.26

中国国家版本馆CIP数据核字（2023）第175044号

责任编辑：苗 苗 宗 静 责任校对：高 涵
责任印制：王艳丽

中国纺织出版社有限公司出版发行
地址：北京市朝阳区百子湾东里A407号楼 邮政编码：100124
销售电话：010 — 67004422 传真：010 — 87155801
http://www.c-textilep.com
中国纺织出版社天猫旗舰店
官方微博 http://weibo.com/2119887771
北京通天印刷有限责任公司印刷 各地新华书店经销
2023年10月第1版第1次印刷
开本：787×1092 1/16 印张：16
字数：248千字 定价：69.80元

凡购本书，如有缺页、倒页、脱页，由本社图书营销中心调换

服装学科现状及其教材建设

能遇到一位好的教师是人生中非常幸运的事，有时这又是可遇而不可求的。韩愈说："师者，所以传道授业解惑也。"而今天我们又总是将教师比喻为辛勤的园丁，比喻为燃烧自己照亮他人的蜡烛，比喻为人类心灵的工程师，等等，这都是在赞美教师这个神圣的职业。作为学生，尊重教师是本分；作为教师，认真地从事教学工作，因材施教去尽心尽责培养好每一位学生是教师的义务，也是教师的基本职业道德。

教师与学生之间是一种无法割舍的长幼关系，是教与学的关系，传道与悟道的关系，是一种付出与成长的关系，服装学科的教学也是如此，"愿你出走半生，归来仍是少年"。谈到师生的教与学的关系问题必然绕不开教材问题，教材在师生教与学关系中扮演着一个特别重要的角色，这个角色就是一个互通互解的桥梁角色。凡是优秀的教师都一定会非常重视教材（教案）的建设问题，没有例外。因为教材在教学中的价值与意义是独有的，是不可用其他手段来代替的，当然好的教师与好的教学环境都是极其重要的，这里我们主要谈的是教材的价值问题。

当今国内服装学科的现状主要分为三大类型，即艺术类服装设计学科、纺织工程类服装专业学科、高职高专与职业教育类服装专业学科。另外，还有个别非主流的服装学科，比如戏剧戏曲类的服装艺术教育学科、服装表演类学科等。国内现行三大类型服装学科教学培养目标各有特色，三大类型的教学课程体系也有较大差异性，这个问题专业教师要明白，要用专业的眼光去选择适用于本学科的教材，并且要善于在自己的教学中抓住学科重点实施教学。比如，艺术类服装设计教育主要是侧重设计艺术与设计创意的培养，其授予的学位一般都是艺术学，过去是文学学位，而未来还将会授予交叉学科学位。艺术类服装设计学科的课程设置是以艺术加创意设计为核心的，比如国内八大独立的美术学院与九大独立的艺术学院，还有国内一些知名高校中的二级艺术学院、美术学院、设计学院等的课程设置。这类院校培养的毕业生就业方向以自主创业、工作室高级成衣定制、大型企业高级服装设计师、企业高管人员、高校教师或教辅居多。纺织工程类服装学科的毕业生一般都是授予工学学位，其课程设置多以服装材料研究及其服装科研研发为重点，包括服装各类设备的使用与服装工业再改造等。这类学生在考入高校时的考试方式与艺术生是不一样的，他们是以正常的文理科考试进校的，所以其美术功底不及艺术生，但是其文化课程分数较高。这类毕业生的就业多数是进入大型服装企业承担高级管理工作、高级专业技术工作、产品营销管理工作、企业高级策划工作、高校教学与教辅工作等。高职高专与职业类服装学科的教育是以专业技能的培养为主要核心的，其在课程设置方面就比较突出实际动手的实操实训能力的培养，非常注重技能的本领提升，甚至会安排学生考相应的专业技能等级证书。高职高专的学生未达本科层次，是没有本科学位的专业生，这部分学生相对于其他具有学位层次的高校生来讲更具职业培养的属性，在技能培养方面独具特色，主要是为企业培养实用型专业人才的，这部分毕业生更受企业欢迎。这些都是我国现行服装学科教育的现状，我们在制订教学大纲、教学课程体系、选择专业教材时，都要具体研究不同类型学科的实际需求，要让教材能够最大限度地发挥其专业功能。

教材的优劣直接关系着专业教学的质量问题，也是专业教学考量的重要内容之一，所以我们要清晰我国现行的三大类型服装学科各有的特色，不可"用不同的瓶子装着同样的水"进行模糊式教育。

交叉学科的出现是时代的需要，是设计学顺应高科技时代的一个必然，是中国教育的顶层设计。本次教育部新的学科目录调整是一件重要的事情，特别是设计学从 13 门类艺术学中调整到了新设的学科 14 交叉学科中，即 1403 设计学（可授工学、艺术学学位）。艺术学门类中仍然保留了 1357 "设计"一级学科。我们在重新制订服装设计教学大纲、教学培养过程与培养目标时要认真研读新的学科目录，还要准确解读《2022 教育部新版学科目录》中的相关内容后再研究设计学科下的服装设计教育的新定位、新思路、新教材。

服装学科的教材建设是评估服装学科优劣的重要考量指标。今天我国各个专业高校都非常重视教材建设，特别是相关的各类"规划教材"更受重视。服装学科建设的核心内容包括两个方面，一方面是科学的专业教学理念，也是对于服装学科的认知问题，这是非物质量化方面的问题，现代教育观念就是其主观属性；另一方面是教学的客观问题，也是教学的硬件问题，包括教学环境、师资力量、教材问题等，这是专业教育的客观属性。服装学科的教材问题是服装学科建设与发展的客观性问题，这一问题需要认真思考。

撰写教材可以提升教师队伍对于专业知识的系统性认知，能够在撰写教材的过程中发现自己的专业不足，拓展自身的专业知识理论，高效率地使自己在专业上与教学逻辑思维方面取得本质性的进步。撰写专业教材可以将教师自己的教学经验做一个很好的总结与汇编，充实自己的专业理论，逐步丰富专业知识内核，最终使自己的教学趋于优秀。撰写专业教材需要查阅大量的专业资料，并收集海量数据，特别是在今天的大数据时代，在各类专业知识随处可以查阅与验证的现实氛围中，出版优秀的教材是对教师的一个专业考验，是检验每一位出版教材教师专业成熟度的测试器。

教材建设是任何一个专业学科都应该重视的问题，教材问题解决好了，专业课程的一半问题就解决了。书是人类进步的阶梯，书是人类的好朋友，读一本好书可以让人心旷神怡，读一本好书可以让人如沐春风，可以让读者获得生活与工作所需的新知识。一本好的专业教材也是如此。

好的教师需要好的教材给予支持，好的教材也同样需要好的教师来传授与解读，珠联璧合，相得益彰。一本好的教材就是一位好的教师，是学生的好朋友，是学生的专业知识输入器。衣食住行是人类赖以生存的支柱，服装学科正是大众学科，服装设计与服装艺术是美化人类生活的重要手段，是美的缔造者。服装市场又是一个国家的重要经济支撑，服装市场发展了可以解决很多就业问题，还可以向世界输出中国服装文化、中国时尚品牌，向世界弘扬中国设计与中国设计主张。大国崛起与文化自信包括服装文化自信与中国服装美学的世界价值。"德智体美劳"都是我国高等教育不可或缺的重要组成，我们要在努力构架服装学科专业教材上多下功夫，努力打造出一批符合时代的优秀专业精品教材，为现代服装学科的建设与发展多做贡献。

从事服装教育者需要首先明白，好的教材需要具有教材的基本属性：知识自成体系，逻辑思维清晰，内容专业目录完备，图文并茂，循序渐进，由简到繁，由浅入深，特别是要让学生能够读懂看懂。

教材目录是教材的最大亮点，十分重要。出版教材的目录一定要完备，各章节构成思路要符合专业逻辑，要符合先后顺序的正确性，可以说教材目录是教材撰写的核心要点。这里用建筑来打个比方，教材目录好比高楼大厦的根基与构架，而教材的具体内容与细节撰写又好比高楼大厦的瓦砾与砖块加水泥等填充物。建筑承重墙只要不拆不移，细节的砖块与瓦砾、隔断墙是可以根据个人的喜好进行适当调整或重新组合的。这是建筑的结构与装饰效果的关系问题，这个问题放到我们服装学科的教材建设上，可以比较清楚地来理解教材的重点问题。

纲举目张，在教学中要能够抓住重点，因材施教，要善于旁敲侧击举一反三。"教育是点燃而不是灌输"，这句话给予了我们教育工作者很多的思考，其中就包括如何来提高学生的专业兴趣，在教学中，兴趣教学原则很值得我们去研究。从某种意义上来讲，兴趣是优秀地完成工作与学习的基础保证，也是成为一位优秀教师、优秀学生的基础保证。

本系列教材是李正教授与自己学术团队共同努力的又一教学成果。参与编写的作者包括清华大学美术学院吴波老师、肖榕老师，苏州城市学院王小萌老师，广州城市理工学院翟嘉艺老师，嘉兴职业技术学院王胜伟老师、吴艳老师、孙路苹老师，南京传媒学院曲艺彬老师，苏州高等职业技术学院杨妍老师，江苏盐城技师学院韩可欣老师，江南大学博士研究生陈丁丁，英国伦敦艺术大学研究生李潇鹏等。

苏州大学艺术学院叶青老师担任了本次 12 本"十四五"普通高等教育本科部委级规划教材出版项目主持人。感谢中国纺织出版社有限公司对苏州大学一直以来的支持，感谢出版社对李正学术团队的信赖。在此还要特别感谢苏州大学艺术学院及其兄弟院校参编老师们的辛勤付出。该系列教材包括《服装设计思维与方法》《形象设计》《服装品牌策划与运作》等，共计 12 本，请同道中人多提宝贵意见。

李正、叶青
2023 年 6 月

服装CAD软件技术日渐完善，许多服装企业在服装设计与生产中会使用该软件来实现服装设计的自动化发展，并在服装生产的过程中逐渐取代传统人工服装制板技术。随着互联网的快速发展，服装制板数字化已逐渐成为许多服装企业自动化设计的常态，制板师会利用服装CAD软件来制板，不仅可以结合软件内的放码、排料等功能一步到位，还能与市面上不同的3D虚拟试衣软件对接，可提升设计效率、降低生产成本。

在电商平台普及化的今天，越来越多的定制化服装供不应求，为了提高定制效率，缩短产品开发时间，开展虚拟试衣体验，合理使用服装CAD，形成一条系统的数字化设计生产链，是目前亟待解决的问题。

基于以上原因，我们编写了这本书。第一作者从事服装CAD制板课程教学多年，具有丰富的教学经验。本书根据高等院校服装专业培养目标和基本要求，并结合作者多年的教学和应用实践经验编写；在此基础上，结合具体的服装款式与新颖的教学理念，将服装CAD与虚拟试衣中出现的关键教学展示出来，可提升学生的专业素养，使学生在掌握2D服装设计的基本理论与技能的同时，独立进行3D服装创作设计。

本书内容的编排根据不同内容循序渐进并依次推进。每一章均分为操作技能、项目实施、自主训练等模块，明确每一章节内的理论与实践操作技能要求，将教学与训练相结合，指导学生在完成基础知识的学习后还能巩固练习，从而提高学生的综合能力。

本书内容分为七章：第一章是服装CAD概述，简要概述了服装CAD发展历史、体系构成及应用现状。第二章是服装CAD系统，主要对服装CAD的系统功能及操作使用方法进行了详细的介绍。第三章至第五章是本书的核心内容，主要针对服装CAD制板及纸样创新、服装CAD放码、服装CAD排料进行详细的原理介绍，并引入大量实例，使学生能在实践中掌握软件的应用。第六章是服装CAD样板导入及三维虚拟试衣，简要介绍了CLO3D虚拟试衣的原理及虚拟试穿实践操作。第七章是实例参考及CAD作品鉴赏，主要目的是拓展学生创新纸样设计思维。其中第一章至第五章均由富怡服装CADV10.0操作实现，第六章主要使用CLO3D V7.0版本来完成虚拟试衣的实现，第七章则是主要对服装样板、虚拟试衣款式进行鉴赏。

本书由苏州大学艺术学院李正、刘婷婷、翟嘉艺、杨敏老师共同编写，第一章由翟嘉艺、李正编写，第二章、第三章由刘婷婷、杨敏、李正编写，第四章、第五章由翟嘉艺、杨敏共同编写，第六章、第七章由刘婷婷、翟嘉艺、杨敏、李正编写，最后由李正统稿。其中刘婷婷、翟嘉艺、杨敏在服装 CAD 制板、虚拟试衣研究方面做了很多工作。同时非常感谢富怡 CAD 公司提供的实践软件，感谢 CLO3D 中国上海分公司提供的软件、大量优质赏析虚拟试衣图片，以及相关技术指导工作。

诚恳欢迎读者对书中的不足之处给予批评指正。

编　者

2023 年 6 月

教学内容及课时安排

章 / 课时	课程性质 / 课时	节	课程内容
第一章 （2 课时）	理论授课 （12 课时）		• 服装 CAD 概述
		一	服装 CAD 的概念
		二	国内外服装 CAD 技术发展概述
		三	服装 CAD 体系构成
		四	服装 CAD 的应用现状
第二章 （10 课时）			• 服装 CAD 系统
		一	服装 CAD 系统功能分类
		二	服装 CAD 的操作使用方法
		三	基本制图工具
		四	设计菜单栏
		五	工具栏介绍
		六	智能笔操作技巧
第三章 （10 课时）	课堂实操 （34 课时）		• 服装 CAD 制板及纸样创新
		一	服装 CAD 基础纸样设计
		二	基础型衬衫 CAD 制板
		三	连衣裙 CAD 制板
		四	女西裤 CAD 制板
		五	纸样创新设计变化
第四章 （6 课时）			• 服装 CAD 放码
		一	富怡服装 CAD 放码介绍
		二	女衬衫 CAD 放码
		三	女裤 CAD 放码
第五章 （6 课时）			• 服装 CAD 排料
		一	服装 CAD 排料简介
		二	服装 CAD 排料系统界面介绍
		三	排料系统功能介绍
		四	女衬衫 CAD 排料

续表

章 / 课时	课程性质 / 课时	节	课程内容
第六章 （8 课时）	课堂实操 （34 课时）		· 服装 CAD 样板导入及三维虚拟试衣
		一	服装 CAD 系统数据格式与转换
		二	服装 CAD 导入 / 导出 AAMA/ASTM 格式
		三	三维试衣系统介绍
		四	基本工具介绍
		五	试穿实例操作
第七章 （4 课时）			· 实例参考及 CAD 作品鉴赏
		一	CAD 创意设计纸样实例参考
		二	CLO3D 创意设计虚拟试衣鉴赏

注 各院校可根据自身的教学特点和教学计划对课程时数进行调整。

目 录
CONTENTS

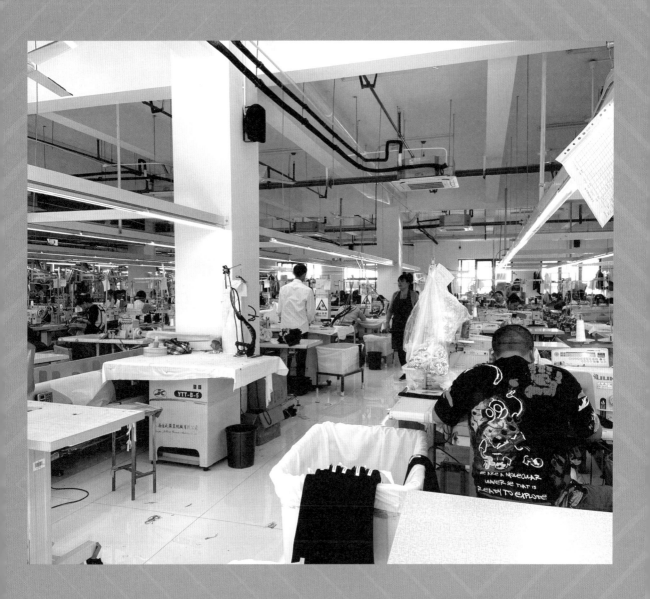

第一章
服装CAD概述

课程名称：服装CAD概述

课题内容：服装CAD技术的发展过程、主要构成和现状

课题时间：2课时

教学目的：使学生了解基本的服装CAD技术与体系，清楚目前服装CAD的应用情况与不同的服装系统

教学方式：教师讲解授课，学生课堂讨论与阅读

教学要求：1.了解服装CAD的发展

2.了解服装CAD系统软硬件的主要构成

3.了解富怡CAD软件V10.0版本

课前（后）准备：提前预习服装CAD概述内容，自主了解服装CAD系统

　　随着科技逐步融入服装行业，时代的变化影响着人们的审美观念，也促使服装生产方式由传统的大批量、款式单一转变为现代的小批量、款式多样。服装 CAD 系统也由最初只有服装排料功能增加到同时拥有服装款式设计、服装制板、服装放码、人体测量、试衣等功能。服装企业广泛运用服装 CAD 系统能提高设计师的工作效率，并缩短设计周期；降低技术难度，减轻工人劳动强度。在改善工作环境的同时，也降低了生产成本、节省了人力和场地，达到了提高设计质量、提高企业的现代化管理水平和对市场的快速反应能力的目标。使用服装 CAD 制板也将成为现在和未来服装设计中不可或缺的重要环节。

第一节　　服装CAD的概念

　　服装 CAD（Computer Aided Design），全名又称服装计算机辅助设计，是将计算机技术应用于服装领域的标志性产物。服装 CAD 是对目前计算机中的软件和硬件技术进行利用，让服装产品和服装工艺过程按照服装设计的基本要求，进行输入、设计以及输出等的一项专门技术，可以说是一项综合性的高新技术。其中包括了计算机图形学、数据库、网络通信等计算机及其他领域的知识，也被称为艺术和计算机科学交叉的边缘学科。同时，服装 CAD 把人与高新科学技术进行了有机结合，使服装的设计、生产、管理、销售等多个环节得到更大的优化，也让服装企业越发适应现代服装周期短、更新快、个性化、质量高的时代。

　　从广义上而言，所有可以辅助完成服装设计工作的计算机技术基本包含在服装 CAD 中，包含纱线、织物、服装三个阶段。其中纱线和织物阶段的 CAD 技术又叫作纺织 CAD，因此不属于本书的探讨范围。本节所介绍的服装 CAD，是指辅助完成服装设计与纸样处理的 CAD 系统，主要是款式设计、结构设计和工艺设计三类以及生产过程中的放码和排料。从功能上而言，由于服装款式系统在国内外服装行业中的应用并不多，大部分设计师倾向于使用 Photoshop、Illustrator 和 CorelDRAW 等图形处理软件进行设计，所以大多数情况下提到服装 CAD 时，一般指服装的纸样系统。通常情况下，服装纸样系统能完成计算机辅助服装打板、放码和排料的功能，服装 CAD 系统由硬件系统和软件系统两部分组成，如图 1-1 所示。

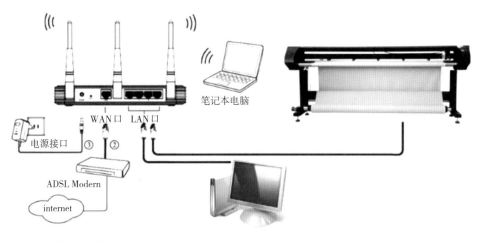

图1-1 服装CAD系统

第二节 国内外服装CAD技术发展概述

服装CAD相比于汽车、航空、电子等行业技术起步得较晚，信息技术化一直以来处于相对缓慢的状态。自从20世纪70年代后，服装CAD逐渐兴起并且得到飞跃式的发展，将服装企业的生产过程从传统的密集手工劳动中解放出来，并且该项技术在国内外都得到了不同程度的应用，不断促进服装产业的改良与升级，推动行业迈入新的发展阶段，以下将对国内外服装CAD的发展进行简要梳理。

一、国内外服装CAD的发展概述

1.国外服装CAD的发展概况 美国于20世纪50年代发明首个计算机绘图系统，具有简单绘图功能的计算机辅助设计技术相应诞生。1959年提出CAD的概念，并开始运用在机械行业。

20世纪70年代初，CAD技术在服装领域中得到应用，最早的服装CAD系统MARCON，是美国于1972年研制的。在MARCON系统原有的基础上，美国格柏（Gerber）公司开发出具有放码和排料两大功能的服装CAD系统。格柏CAD推向市场后受到众多服装企业的欢迎，在服装CAD技术领域占有重要地位并形成了一种新的技术产业。此后，法国、英国、西班牙、日本、瑞士等也陆续推出了类似的服装CAD系统，当时安装CAD/CAM系统的几乎全是大型服装生产企业。时至今日，国外发达国家服装CAD技术已经得到大力推广和基本普及。

1978年，成立3年的法国力克（Lectra）公司推出了计算机排料系统，排料功能是将服装的衣片样板在规定的面料幅宽内进行合理排放，更大地提高面料的利用率，从而达到降低成衣成本的目的。

随着服装企业的增加，服装CAD系统应用范围不断扩大，不同的国家出现了服装CAD软件供应商，如西班牙的Investronica公司和德国的Assyst公司。20世纪80年代，为满足时代的需求，服装CAD系统从服装工艺设计环节向服装款式设计和服装结构设计方向发展，计算机辅助制造系统（Computer Aided Manufacturing，CAM）和柔性缝制系统（Flexible Manufacturing System，FMS）应运而生。

20世纪90年代初，美国格柏公司首先推出了打板系统，利用服装CAD技术进行样片设计，大大提升了打板的速度和效率，并被服装设计师和服装制板师们广为接受。自20世纪90年代以来，服装CAD系统更加完善化，整个服装行业更加规范化，服装企业的生产管理更加综合化，随之形成了计算机集成制造系统（Computer/contemporary Integrated Manufacturing Systems，CIMS）。互联网网络技术联通了全球，让世界各地的服装行业交流更便捷、快速、高效。为进一步发展，各服装CAD公司着力加强云计算的研究、二维到三维的研究、三维试衣研究等技术，采用人机交互的手段来降低企业的生产成本，减少服装从业人员的工作负荷，提高设计质量并缩短服装从设计到生产的时间。

三维服装CAD技术，是指在电子计算机上实现三维人体测量、三维服装设计、三维立体剪裁、三维立体缝合及三维穿衣效果展示等全过程。其最终目的在于不用经过制作服装，便可以由虚拟模特试穿，达到服装的实际设计效果，从而很大程度上节省时间和财力，提高服装生产效率和设计质量。三维服装CAD技术也是当今服装CAD的发展方向。

2.国内服装CAD的发展概况　伴随我国经济实力的逐步提升，服装加工型企业也渐渐转型为服装设计与生产一体化企业，服装行业开始稳步发展。我国从20世纪80年代中期开始了对服装CAD的研制，一般是在借鉴国外服装CAD的基础上进行改良和优化，研究更符合国内大环境的服装CAD系统。在各服装企业的研发和投入下，我国服装CAD系统很快进入产业化阶段。

服装CAD技术发展到现在，其中功能比较齐全、商业化运作比较成熟、使用人群较多的国内服装CAD系统企业主要有14家：航天工业总公司710所（ARISA系统）、北京日升天辰电子有限责任公司（NAC-2000系统）、杭州爱科电脑技术公司（ECHO系统）、深圳富怡电脑机械有限责任公司（RICIIPEACE系统），以及樵夫、易科、图易、ET、比力、至尊宝纺等。

21世纪以来，国内服装CAD技术凭借着自身的性能、价格和服务等多方面优势，打破了国外服装CAD企业的技术垄断。国内服装CAD技术研发企业在研究CAD系统的同时，结合我国服装企业的生产方式与特点，侧重对服装常用的款式设计、打板、放码、排料等模块实行研发，并对服装CAD和CAM等系统进行智能化融合。国内CAD系统精准且全汉化的操作界面和提示信息，使软件操作更易学、易懂、易操作，也为服装行业培养更多高技术型人才提供了一条捷径，为中国服装企业的可持续发展提供了坚实的技术保障。

二、服装CAD的发展趋势

在时代审美逐渐变化的影响下，越来越多的消费者对服装产品提出了更个性化、潮流化和高质量化的要求，从而促使服装企业进一步对本身企业结构进行调整和升级。如今，服装CAD系统已经在国内服装行业得到广泛使用，成为服装企业必不可少的环节。原有的服装CAD系统已经不能满足当下企业和消费者的阶段性需求，对现在发展成熟的服装CAD系统进行升级改良成为当前发展的关键。目前大多数服装CAD领域的最新发展趋势主要集中在以下六个方面。

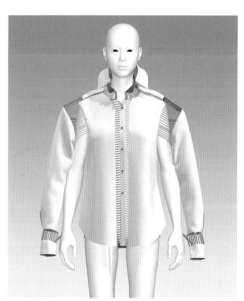
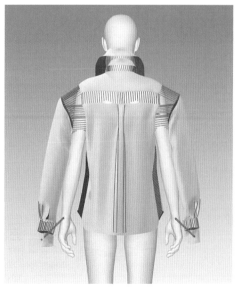

1. 三维化　目前，服装制作的过程基本都是由二维平面上制作出三维的设计，同样绝大多数服装CAD系统也都是基于二维的应用系统。如图1-2所示，通过三维人体测量、三维人体建模、三维服装设计、三维服装仿真等三维立体化的方式去设计更具个性和合体性的服装。随着自媒体和网购的快速发展，服装CAD从平面的二维设计转化为立体的三维设计也是发展的主要趋势。服装纸样的设计、调整以及款式的变化都可通过三维的方式完成，最后再借助虚拟现实技术进行服装展示。

图1-2　三维化

2.**集成化**　随着服装企业全面自动化、现代化的发展，计算机集成制造系统的概念被广为接受，成为服装企业发展的必然趋势。服装 CAD 系统与自动裁床（CAM）、吊挂运输、单元生产系统（FMS）和企业信息管理系统（MIS）等进行有机集成起来，从而使服装企业内部得到调整和升级，如图1-3所示。

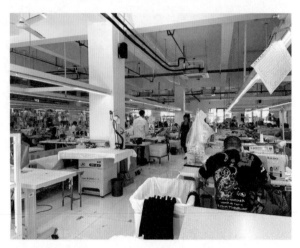

图1-3　集成化

3.**智能化**　将服装 CAD 系统与人工智能技术进行结合同样是未来值得期待的趋势。人工智能技术的加入不但解放了一部分的劳动力，同时也帮助服装设计师设计出更加时尚、新颖的服装款式。从款式设计、结构设计到服装样片智能化的融入，在降低成本的同时还提高了制作效率，如图1-4所示。

4.**云端化**　服装企业需要建立高效的快速反应机制，来顺应服装的流行周期。目前，全国互联网发展迅猛，云储存、云计算、云共享等技术把设计师的设计更好地推广和共享，在节省时间成本的同时也达到了利益最大化，如图1-5所示。

图1-4　智能化

图1-5　云端化

5. **个性化**　因全国各地的服装行业发展速度不一而且各地对服装的需求度不同，服装 CAD 企业可以根据不同地方的用户需求进行定制设计开发，使软件的使用更加人性化和个性化，如图 1-6 所示。

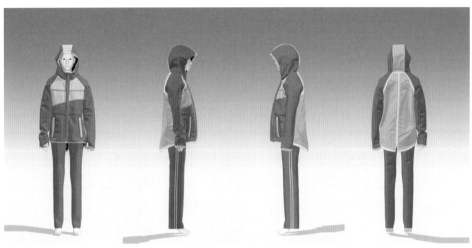

图 1-6　个性化

6. **兼容化**　伴随各地服装行业的交流、合作不断增多，不同服装 CAD 系统公司开发的软件也随着行业的发展不断调整其兼容度，使不同的软件互通性更强，具备更好的兼容性，如图 1-7 所示，可以在富怡 CAD 中打开 DXF 文件。

图 1-7　兼容化

第三节　服装CAD体系构成

服装CAD系统的软件和硬件与计算机技术一同迅猛发展。目前，服装CAD系统专用软件主要包含款式效果设计、纸样结构设计、放码和排料等。系统的主要硬件配置由三部分构成：计算机主机，包括处理器、存储器、运算器、控制器；输入设备，包括键盘、鼠标、光笔、扫描仪、数字化仪、摄像仪或数码相机等；输出设备，包括打印机、绘图仪、切割机、自动铺布机、电脑裁床等。

专用软件与硬件互相匹配又可成为如下相对独立的系统：款式效果设计系统CASDS（Computer Aided Styling Design System），其硬件配置包括主机、键盘、鼠标或光笔、显示器、彩色扫描仪、彩色打印机、数码相机等；纸样结构设计系统CAPDS（Computer Aided Patter Design System），其硬件配置包括主机、键盘、鼠标或光笔、显示器、绘图仪或切割机；放码和排料系统CAGMS（Computer Aided Grading、Marking Design System），其硬件配置包括主机、键盘、鼠标或光笔、显示器、数字化仪、绘图仪、切割机等。

一、硬件构成

1.输入系统　服装CAD的输入系统常见的主要有：数码相机、数码摄像机、数字化仪、扫描仪等。

2.中央（图形）处理系统　服装CAD的中央（图形）处理系统应用最为广泛的是微型计算机（PC），操作系统Windows系统。

3.输出系统　服装CAD的输出系统主要有打印机（图1-8）、绘图仪等。

4.自动裁剪（CAM）系统　自动裁剪（CAM）系统可接受CAD出的排料图文件，实现自动衣片裁剪。

图1-8　服装CAD打印机

二、软件构成

1.打板系统　根据服装的款式设计绘制出结构图，根据需要对生成纸样进行修改、调整、分割、检验、加放缝份、标注标记等。

2.推板系统　以中间号型纸样为基准，根据纸样中的关键点进行缩放，快速推放出系列多号型纸样。

3.**排料系统**　设置面料幅宽、缩水率、数量、方向等基本信息后进行样片的模拟排料，确定排料方案。目前常用的两种排料方式是自动排料和交互式排料。

4.**款式设计系统**　设计师通过计算机进行服装款式、图案、色彩和面料的设计。

5.**试衣系统**　建立款式库、配饰库、模特库等数据库，用户可以根据自己的设计和喜爱进行多样化搭配后在模特身上进行虚拟试穿。

第四节　服装CAD的应用现状

就目前总体发展情况而言，绝大多数发达国家的服装企业都已全面使用服装CAD系统，包括企业与合作工厂之间也是运用服装CAD系统生成的文件进行服装数据的交流沟通。近十几年来，我国服装企业使用CAD的普及率也大幅提高，其中近万家服装企业使用CAD系统，并且达到了95%以上的普及率。这主要得益于我国服装教育对服装CAD的重视以及国内多家服装CAD供应商的出现。

服装纸样系统中的放码和排料功能在企业中应用较广泛，纸样设计功能的应用正逐步扩大。这主要是因为服装CAD软件制板需要掌握的内容比手工制板要复杂，年纪大的打板师难以适应从手工制板转变为计算机制板，他们更习惯直观的手工制板技术，而年轻的打板师虽容易掌握计算机制板但却缺乏成熟的制板经验。但随着科技的发展与院校的教育，纸样设计功能的应用得到大量普及，越来越多的服装企业、公司和工作室进行使用。其中服装款式设计系统的应用还是较少，这与专业的服装款式设计系统价格较贵、服装企业配备较少有较大关系，同时也与设计师的使用习惯有关。

一、服装CAD在企业中的应用现状

据统计，发达国家的服装企业和工厂大部分都是使用服装CAD系统进行文件对接和交流。从20世纪80年代末，我国开始使用服装CAD系统，国内也逐渐诞生了许多服装CAD系统企业，并且在各高校和行业技术人员内普及了对服装CAD软件的教育，使近万家上规模的服装企业超过90%都覆盖了服装CAD系统。服装CAD给企业带来了巨大的经济效益，其中使用比较广泛的是放码系统和排料系统，能很好地提高工作效率，如果配备喷水或激光切割裁剪设备，还可以实现全自动操作。但也有种种原因让部分企业的服装CAD处于闲置状态，没有创造出效益，主要有以下几点原因。

（1）服装CAD软件自身存在不足，系统缺乏个性和兼容性。随着服装企业的专业化程度不断提高，服装市场类别细分越来越明确，不同类型的服装企业从设备到生产流程各方面都存在一定程度的差异，同时也会对服装CAD系统存在不同或特定的需求。但目前各服装CAD生产企业并没有针对不同种类的服装企业开发出专业化细分、针对性强的系统。另外，各服装CAD系统之间还没有较好的兼容性，使中小服装设计公司不能较快速便捷地与服装工厂进行对接。

（2）国内服装企业有经验的技术人员对计算机与软件了解得不多，年轻的院校毕业生虽熟悉计算机操作却缺乏工作经验。

服装CAD软件所需要学习的内容较复杂，并且不同的企业所使用的软件也不相同，使技术人员要不断适应，同时也让年轻人员望而却步。服装行业大多缺乏拥有服装专业知识、有实践经验和计算机应用能力的人才，这也是制约CAD技术在企业中普及应用的重要原因之一。

（3）服装CAD软件公司需要更好地帮助企业解决在使用系统过程中遇到的问题，并且在软件更新后也能及时反馈到企业。

有的安装了CAD系统的企业因为没有及时从开发供应商中得到应有的技术支持和帮助，也导致软件和设备被搁置，无法发挥其应有的作用。近年来，随着服装工人工资水平的逐步提升，许多传统型服装企业正逐渐引进CAD技术，从中解放一部分劳动力，让企业从劳动型转为技术型。同时科学技术的发展和服装消费观念的改变，使服装市场的竞争越来越激烈，企业为顺应时代的变化，更高更新的科技也逐步应用于服装的生产与制作中。例如，服装量身定制、三维人体扫描和建模、虚拟现实试衣等。

二、服装CAD在教育行业中的应用现状

经过几十年的迅猛发展，我国高校服装教育已经基本形成了一套机制和培训体系。各高校为了向国内服装行业提供高质量人才，不断新增服装教学课程，引进新科技和新技术，同时服装CAD专业课程也让服装CAD系统软件得到了不同程度的应用，以下两点也是目前在教育行业中的应用现状。

（1）由于我国高校对服装CAD的教学起步比较晚，并且教学形式和方式仍在逐步探讨和改良，教学内容也不够完善，主要侧重在服装的打板设计系统地运用，缺少对服装三维试衣设计、生产管理和营销功能的教学。

（2）在高校购买服装CAD软件时，通常都会购买软件的学习版，却又因为一部分功能无法使用，而令学生无法全面地了解服装CAD的智能性和优越性。同时部分高校由于场地、价格等受限无法提供完整的基础硬件配备，也导致绘制的结构设计图在转化过程中断层，学生在后续进行设计制作时依旧不会优先考虑使用服装CAD系统。

目前，服装CAD在教育行业中应用还是比较广泛的，在其教学模式上除了参照国外服装高等院校外也要注重结合国内的教学环境，注意结合信息化手段，项目式、内化式、以就业为导向的教学改革。在了解企业需求的服装人才后，结合服装CAD的新功能和新技术调整教学内容。学校也应在优化教学内容和模式的同时完善对软硬件设施的配套，让学生熟悉整套系统的操作。课堂教学由于课时量的限制可以与企业进行联合，使资源得到更好地利用，让学生将课堂学到的知识转换为实践的操作能力来提高自己的专业素养，培养出符合当下服装行业需求的复合型技术人才。

三、不同服装CAD的比较分析

目前国内外的服装CAD软件也越来越多，如图1-9所示，常用的有国外的格柏、力克等，国内的富怡、日升、布易等，表1-1中列举了国内外常用的服装CAD软件，并进行了主要功能和设计特点的分析。这些软件都有不同的使用群体，中国大部分企业还是会选用国内研发的软件，究其原因，除了性价比较高以外，软件的操作界面也非常符合国内打板师的操作习惯。一般具有外贸业务的服装企业为了与国外的客户在交流上更加便利与准确，通常会配备国外的软件进行操作。尽管软件之间的具体操作互不相通，但是现在越来越多的打板电子文件可以在不同软件中兼容使用，这也大大提升了企业与企业间的交流与合作。

图1-9　服装CAD软件

表1-1　国内外服装CAD比较分析

国内（外）	名称	产地	主要功能	设计特点
国外	格柏	美国	款式设计、纸样设计、推板、排料、裁剪	加快人体尺寸输入、样板设计、放码和排版过程，设计师能根据顾客需求自动修改和生成样板。能节省纸样设计时间，降低人力成本，从而提高服装生产的整体效率

续表

国内（外）	名称	产地	主要功能	设计特点
国外	力克	法国	样板设计、量身定制、智能排料、裁剪	可以自由打板，并能随时更改放码基准点和增加辅助点。能根据顾客尺寸，在系统样板库内自动搜索与之最相近的纸样，并进行适当调整后得到与顾客尺寸相匹配的样板
	派特	加拿大	制板和推板、自动排料、打印和裁剪、三维试衣	使纸样设计快速高效，能够直接利用已有纸样制作新的服装样板。该系统兼容性十分强大，可与各种制板、排料及绘图软件兼容。该系统特有的三维软件能够方便快捷地实现服装纸样在二维和三维之间的转换
国内	航天	中国	款式设计、制板、推板、排料、试衣	制板模块已具备参数化设计功能，无须人工干涉，即可实现纸样的自动设计。CAD系统的修板性能也十分强大，在制作基础样板时可自动生成操作步骤修正表。在对基础样板进行调整时，可根据步骤修改表自动完成线条修改
	富怡	中国	款式设计、纸样设计、放码、排料、工艺单设计、企业管理、全自动电脑裁床	其服装制图主要是依据公式或制板经验进行，纸样的修正能够依据某些部位尺寸直接进行款式变换和尺寸修改，适用于单量单裁的个体服装。其自动放码系统具备智能化学习和记忆制板性能，可根据个体尺寸自动实现差异号型的纸样修正
	爱科	中国	试衣、纸样设计、款型设计、推档放码、排料放料、款型管理	采用立体制板法，还有配套的电子商务与管理系统，方便服装制造公司管理整个制造过程
	日升	中国	款式设计、制板、推板、排料、工艺单设计	将自由打板和自动打板相结合，大大提高了系统制板的智能化和人性化。该系统的优势主要是基于基础号型自动设计出其他号型，无须再次推板。其曲线设计采用联动修改模式，既保证了样板设计的准确性，又节省了制板时间

四、富怡服装CAD的特色及优势

富怡CAD的特色是以点线结合的方式制板，打板可由公式打板也可以自由打板，简单且易于理解，工具种类多样且操作较为简单，对于制板、线条的检查和调整、转移、加褶、展开、纸样的合并检查等都有专门的工具类型，而且每个工具操作都较为简单方便，比较适合初学者使用，也比较适合专业院校学习教育。富怡服装CAD软件相对而言更适合国内设计师、制板师使用。

使用者可根据相应的理论基础和更深层次的了解、学习，以及自身情况，选择自己所需要使用的服装CAD。

最新V10.0版本富怡CAD的优势为以下两点：

（1）V10.0最大的优势为联动，包括结构线间联动，纸样与结构线联动调整；转省、合并调整，对称等工具的联动，调整一个部位，其他相关部位都一起修改；剪口、扣眼、钻孔、省、褶等元素也可联动。

①结构线联动，结构线与纸样联动。三角形点表示联动点，为方便展示视图，调整较大。

②转省联动。转省后可以继续更改距离或比例。

③合并调整联动。为了视觉效果清晰，调整较大。

④对称联动。

⑤剪口、扣眼、钻孔联动。且纸样上的会跟结构线上的联动。

⑥省、褶等元素也可联动。

（2）新特点是自动放码，所有码可同步调整，也可单独调整，制板前需编辑号型表及相关人体尺寸数据。

①以自动放码为主，结构线调整或规格表里的数据调整，所有的码都相应调整。

②结构线也可以自动放码，随时检查放码是否正确，线条是否圆顺。

③也可以手动放码调整局部。

本章小结

■ 服装CAD技术的应用，能够大大提高生产效率。既可以把设计师从费时的重复性绘图中解脱出来，还可以为服装放码提供快捷而精准的操作。

■ 服装CAD技术的发展，使服装品牌的科技含量得到提升，也带来了新的设计思路与技术革命。

■ 总体上为服装CAD提供一个宏观的思路，并对其国内外的发展进行了汇总和对比。

练习与思考

1. 简述服装CAD的发展历史。

2. 富怡服装CAD系统包括哪些软件和硬件？

3. 国内的服装CAD系统有哪些？本书所使用的是什么服装CAD系统？有什么特点？

第二章
服装CAD系统

课程名称：服装CAD系统

课题内容：富怡CAD软件V10.0版本的整体系统功能、工具等介绍

课题时间：10课时

教学目的：1. 系统性地了解服装CAD软件

　　　　　2. 更细致地了解富怡服装CAD的操作方法

教学方式：使用电脑工具熟悉服装CAD软件

教学要求：1. 系统性了解服装CAD系统的制板、放码、排料功能分类

　　　　　2. 认识服装CAD基本制图工具

　　　　　3. 学习并掌握服装CAD基本操作技巧

课前（后）准备：准备上课时需要使用安装富怡CAD的软件电脑配置，课后需多练习
　　　　　　　　该软件

本文主要以富怡服装CAD V10.0版本为例，对服装CAD进行详细介绍，该软件具有专业的制板、放码、排料、款式库系统。其功能强大，操作便捷，上手较快，是服装企业提高工作效率与产品质量的数字软件，也是服装设计师不可或缺的CAD工具，以下是服装CAD详细系统的分类介绍。

本章主要针对富怡服装CAD系统的界面做一个简要的介绍，在介绍中能全方位地了解系统的各项功能，可为后期服装CAD的实训打下较为坚实的基础。

第一节　服装CAD系统功能分类

富怡服装CAD主要分为：制板、放码、排料系统，这些是服装制板过程中一个较为合理的流程，从绘制服装结构线并制板，到放码、排料，整体都能运用到服装企业的生产当中。早期制板师会通过手绘的方式制板、放码、排料，传统的制板方式耗时耗力，现在使用富怡服装CAD能加快生产速度，提高生产力，增加产业效益。

一、服装CAD制板系统

服装CAD制板系统主要包括衣片的输入，各种点、线的设计，衣片生成，衣片绘制输入等功能的辅助服装结构设计和打板制作的应用系统，如图2-1所示。服装CAD

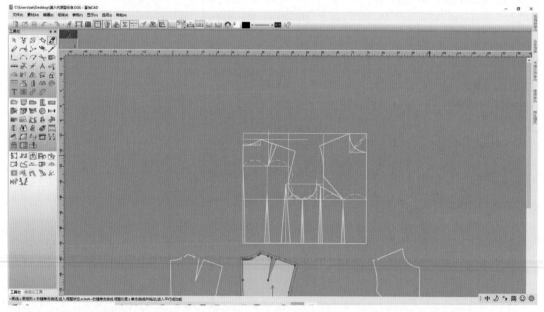

图2-1　富怡CAD软件界面

制板系统有纸样输入、纸样设计等功能。服装CAD获取纸样有两种方式：一种是手工绘制样板，用数字化仪和衣片扫描输入仪输入计算机中；另一种是直接在服装CAD软件中绘制纸样。软件内有两种方式进行切换：

（1）自由式制板。通过输入若干关键点来确定衣片的形状和大小，运用结构设计原理在计算机中设计出纸样。

（2）公式法制板。使用公式法制板需要专业的制板师来完成，该工具可以有平行线、旋转线、对称线、定长线，组合复制表现为同一特殊曲线颜色。

二、服装 CAD 放码系统

服装CAD放码系统是为了方便服装工厂大批量生产成衣而形成的较为成熟、运用广泛的系统。它根据我国服装号型系列标准的规定，参照不同规格、部位档差规定，运用放码原理在计算机上辅助完成工业打板推档。放码主要是以中间码档差为参考，按照放码规则推算出其他号型的纸样。

与手工放码相比，计算机放码绘制的曲线同样圆顺，而且能提高放码的速率与精确度。另外，还能针对关键部位进行适当调整，避免制板师重复劳动，提高效率。另外，CAD软件还具有自动放码的功能，如果符合自动放码的条件，在窗口内输入各码档差的尺寸，计算机就能自动绘制出相应号型的样板。

本系统开样放码部分采用了不同的设计思维，将公式法与自由设计整合在一起，最大的特点是联动：包含结构线之间的联动、结构线与纸样的联动，转省、对称、合并等工具的联动，调节一个纸样部位，其他相关部位均自动修改，剪口、扣眼、省等工具也可联动。放码系统也可提供部分数码输入功能，输入纸样的效率与精度都较高，可提升服装制板的工作效率。

放码系统可以加转省量、加褶等，提供丰富的缝份类型、工艺标识，还可以自定义不同种类的线型。

放码系统可提供不同的放码方式，主要包含：①结构线、纸样能够实现自动放码功能；②点放码；③方向键放码；④比例放码；⑤规则放码；⑥平行放码。

放码部分的扣眼、剪口、布纹线、钻孔等可直接在结构线上调整；开样放码可提供充绒功能，整片局部的充绒量均可计算，便于相关企业估算成本。

三、服装 CAD 排料系统

排料系统是专用来排唛架的软件，它功能强大、使用方便，可有效降低生产成本，提高服装生产效率，缩短生产周期，为增加服装产品技术含量和高附加值提供了强有力的保障，如图2-2所示。

　　服装CAD排料系统会模拟裁床的工作环境，在给定布幅宽度等限制条件下，迅速计算用布量与裁剪件数，可提高生产效率，还可定位已完成放码、放缝工作和号型的服装样板的衣片位置。直接读取导入HPGL格式的绘图与裁床文件，可再次进行新的排料步骤。自动计算用料长度、利用率、纸样总数、放置数。提供自动、手动分床；对不同布料的唛架自动分床；对不同布号的唛架自动或手动分床。具有对格对条功能，同时，支持内轮廓排料及切割，可与输出设备接驳，进行小样的打印及1：1纸样的绘图及切割，输出PDF文件打印小样图，如图2-3、图2-4所示。

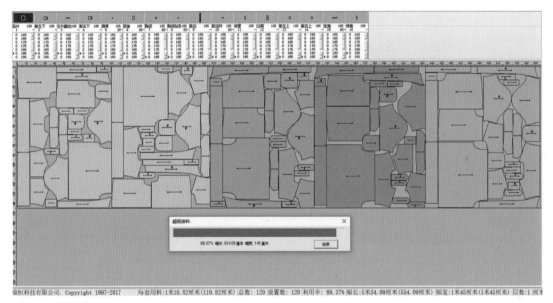

图2-2　排料系统界面

图2-3　打印界面

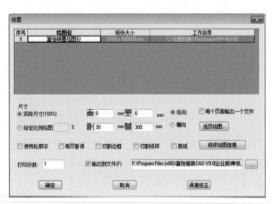

图2-4　绘图界面

富怡CAD排料系统支持双界面一同排料，提供超级排料，手动、人机交互，对条对格等多种排料方式。以下对两种排料进行相关介绍。

排料系统主要具有以下特点：

（1）超级排料。超级排料采用国际领先技术，可在短时间内完成一个唛架，利用率较高，也可进行超排操作，可以避免段差、捆绑、边差、固定等问题，可提高工作效率。

（2）手动排料。是指排料师对纸样进行灵活倾斜、微调、借布边等达到较高的利用率。

四、服装CAD款式库与工艺图库

服装CAD系统有相应的素材库，其中包括款式库、部件库、工艺图库。款式库，进入款式库后调入到DGS规格表里进行样板编辑、修改，或在工作区修改纸样。款式库内含200套款式纸样，可以直接提取使用，并且画好的款式纸样也能保存在款式库里，以后使用可以直接提取。款式库主要包括：

（1）上装、裙装、裤装三种（按款式分类），或女装、男装、童装三种（按性别分类）。

（2）部件库，允许用户建立部件库，如领子、袖口等部位，使用时可直接载入。

（3）工艺图库，内有服装工艺常用符号、图案纹样等图片素材，可直接生成运用。部件库如图2-5所示，工艺图库如图2-6、图2-7所示。

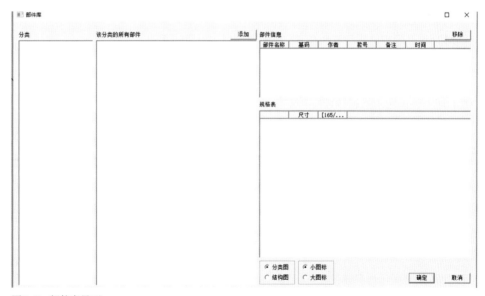

图2-5　部件库界面

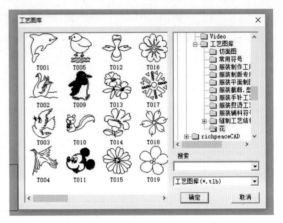

图 2-6 带有缝制工艺结构符号名称的工艺图库   图 2-7 带有花样图的工艺图库

第二节 服装CAD的操作使用方法

在工业 4.0 的推动下，智能制造已经是服装企业的发展趋势。富怡服装CADV10.0是富怡公司开发的最新款软件，具有完善的开样、放码、排料等基本功能，包含多种制板方式，可用于大货生产、高级定制、团体定制等多种生产模式，同时拥有较多专业工具的服务，如模板功能服务。同时也可连接超级排料软件，能提高生产速率，同时可连接基于SAAS模式的云超排，可针对不同需求与成本来排料。云转换功能为使用者更换软件或与其他客户文件对接提供了极大的便利。

本书仅针对基本功能进行详细介绍，方便学生快速入门。

一、富怡服装CAD操作系统界面

富怡CAD系统生产至今已有20年，CAD技术发展较为成熟，该软件是基于微软公司标准操作平台开发出的一套专业服装工艺软件。

CADV10.0共有三种：①富怡服装 CADV10.0（教育版）；②富怡服装CADV10.0（数据库版）；③富怡服装CADV10.0（企业单机版）。若要实现基本功能操作可以下载免费版，如富怡服装CADsuperv8，可在一定期限内可以使用。本书中的案例都以富怡服装CADV10.0（教育版）为平台进行操作。

如图2-8所示为系统的工作界面，熟悉工作界面是熟练操作服装CAD，提高工作效率的前提。

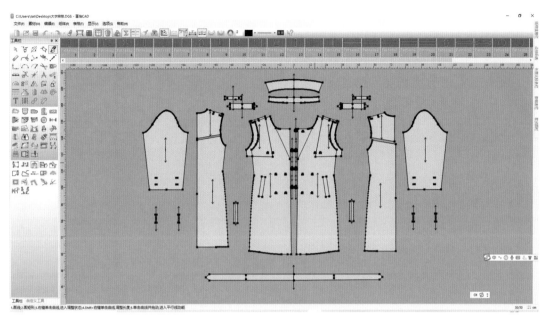

图2-8　操作系统界面

制板设计系统与放码系统在一个工作环境内，该设计系统主要有两种制图方法，自由设计与公式法制图。

1.**存盘路径**　显示当前打开文件的存盘路径，即可打开对应的纸样文件，还可保存绘制后的纸样。

2.**菜单栏**　该区域是放置菜单命令的地方，每个菜单的下拉菜单中又有不同的命令。单击菜单，会在窗口上显示出一个下拉式列表，可用鼠标左击选择一个命令。也可以按住［ALT］键，选择菜单后的对应字母，即可选中想要的菜单，最后使用方向键选中命令。

3.**主工具栏**　主工具栏内有常用命令的快捷图标，提高了完成设计与放码工作的效率。

4.**衣片列表框**　用于放置窗口内款式的纸样，把纸样放置在一个小格的纸样框中，纸样框布局可通过【选项】—【系统设置】—【界面设置】—【纸样列表框布局】改变纸样的位置，服装的衣片列表框中放置了该款式的全部纸样，衣片列表框内会显示纸样名称、份数和次序号，可拖动纸样调整顺序，选择不同的布料会得到不一样的背景色，鼠标右击衣片的列表框，可选择排列方式并展示所有纸样。

5.**标尺**　可展示当前使用的度量单位。

6.**工具栏**　该栏有绘制、修改结构线或纸样以及放码的工具。

7.**工具属性栏**　选中相应的工具，系统右侧会显示工具的属性栏，能够满足更多的功能需求，提高工作效率，减少切换单独工具的步骤。

8.**工作区**　工作区可放大数倍，在绘图时可以显示纸张的边界，可在工作区内进行服装CAD相关设计，如既可以设计结构线，也可以对纸样放码。

9.**状态栏**　状态栏位于系统底部，会在此处显示当前使用的工具名称与操作提示。

二、鼠标基本操作说明

单击左键：指按下鼠标的左键，同时在未移动鼠标的情况下放下左键。

单击右键：指按下鼠标的右键，同时在未移动鼠标的情况下放下右键，也表示某一命令的操作结束。

双击右键：指在同一位置快速按下鼠标右键两次。

左键拖拉：指把鼠标移到点、线图元上后，按下鼠标的左键并且保持按下状态移动鼠标。

右键拖拉：指把鼠标移到点、线图元上后，按下鼠标的右键并保持按下状态时移动鼠标。

左键框选：指在没有把鼠标移到点、线图元上前，按下鼠标的左键并保持按下状态时移动鼠标。如果距离线较近，为避免变成左键拖拉可以先按下［CTRL］键，再点击鼠标左键。

右键框选：指在没有把鼠标移到点、线图元上前，按下鼠标的右键并且保持按下状态移动鼠标。如果距离线较近，为避免变成左键拖拉可以先按下［CTRL］键，再点击鼠标右键。

点（按）：表示鼠标指针指选择到对应对象上，然后迅速点击鼠标左键。

单击：没有特意说用右键时，都是指左键。

框选：没有特意说用右键时，都是指左键。

鼠标滑轮：在选中任何工具的情况下，向前滚动鼠标滑轮，工作区的纸样或结构线向下移动；向后滚动鼠标滑轮，工作区的纸样或结构线向上移动；单击鼠标滑轮为全屏显示。

三、纸样输入与输出

1.**纸样输入**　富怡服装CAD可通过纸样设计的软件进行纸样输入，还可以输入 Gerber、HPGL、DXF 文件，可对不同服装CAD软件操作实现兼容，如图2-9所示。

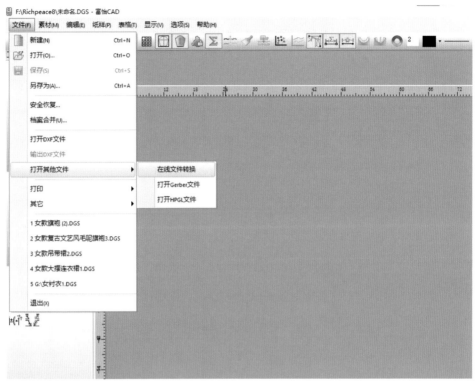

图2-9　打开其他文件界面

　　如果是手工制作的样板，则需要使用服装纸样扫描仪，通过扫描仪将手工纸样快速输入计算机内，保存为软件通用格式文件即可。

　　2.纸样输出　输出设备有绘图仪、切割机、裁床，软件可直接连接到兼容纯输出设备，通过输出命令进行输出，输出格式为PLT、HPGL。还可以输出特定格式，保存后放入输出设备的计算机中处理。

四、数据存储

　　利用服装CAD软件进行纸样设计后可进行数据存储，单击【文档】菜单—【保存到图库】，弹出【保存到图库】对话框，选择存储路径输入名称，单击【保存】即可。由于不同服装CAD的格式不同，可以通过通用格式转换为自身格式，最常用的则是DXF格式，也可导入到其他能打开此类文件的CAD软件中，而富怡CAD的制板及推板文件的扩展名为.DGS，排料文件的扩展名为.MKR。

第三节　基本制图工具

按功能可将工具分为以下几种（图2-10）：

（1）基本绘图工具。主要用来绘制基本款的纸样，其中包括绘制点、线、矩形等常规绘制工具，还有圆规、等分规等工具，均在设计工具栏内。

（2）修改、检查工具。主要有调整线段形状、长度、角连接等工具。修改有检查线段长度等工具。

（3）结构变化工具。主要包括省道、褶、纸样变化的工具。

（4）纸样工具。主要包括纸样的拾取、封边、加缝份、剪口、分割纸样等工具。

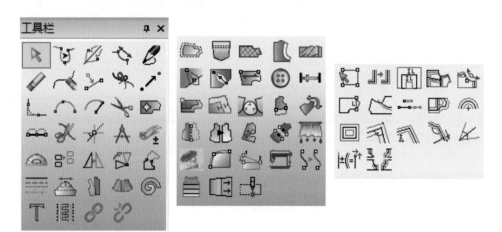

　　　（a）基本绘图工具　　　　　　（b）修改、检查工具　　　　　　（c）纸样工具

图2-10　工具栏

一、制图工具介绍

制图工具主要是用来按比例绘制、修改结构线和纸样的工具。

1.主工具栏　用于放置常用命令的快捷图标，可提高设计与放码工作效率。具体工具栏的功能与操作方法，会在下文中详细描述。

2.工具栏　选中每个工具，右侧会显示该工具的属性栏，使一个工具能够满足更加多的功能需求，减少切换工具的频率。

3.工具栏属性　主要包含以下四部分内容：纸样信息栏、长度比较标栏、参照表栏、款式图栏。

二、制图工具的使用

1.步骤操作

（1）在工作区排列好需要绘制的纸样或结构图，绘制纸样时也可以单击【编辑】菜单—【自动排列绘图区】。

（2）按［F10］键，显示纸张宽边界。注意，当布纹线上出现圆形红色警示时，需要把该纸样移入界内的工作区域。

（3）单击该图标，弹出【绘图】对话框。

（4）选择需要的绘图比例与绘图方式，在暂时用不到的绘图尺码上单击使其失去颜色填充。

（5）在对话框中设置当前绘图仪型号、纸张大小、工作目录、预留边缘等。

（6）单击【确定】即可绘图。

2.提示

（1）在绘图中心中设置连接绘图仪的端口。

（2）更改纸样内外线输出的线型、布纹线、剪口等设置，则需在【选项】—【系统设置】—【打印绘图】中设置。

第四节　设计菜单栏

富怡的打板与放码系统主要包括纸样设计以及放码的功能，打板和放码使用同一个界面就能完成，大大提高了工作效率。在系统中首先要了解的就是设计菜单栏，主要存放着大量的菜单命令，通过一些菜单指令可以快速地完成纸样的设计与打板。

一、菜单栏图示说明

菜单栏主要是放置菜单命令的地方，主要包含【文件】【素材】【编辑】【纸样】【表格】【显示】【选项】【帮助】8个主要菜单，右击任一菜单都会出现下拉菜单，在下拉菜单中若字体呈现灰色，则表示的是该命令在此状态下不可执行，如需执行需满足命令条件。命令字体右边的字母则表示该命令的快捷键，这些多是一些常用的命令，在熟悉各菜单的名称之后可以在设计过程中使用快捷键提高工作效率。

1.【文件】菜单　菜单栏区域是放置菜单命令的地方，文件子菜单栏下如图2-11（a）所示，除去【新建】【打开】【保存】等软件常备的操作外，还有【安全恢复】与【档案并存】的选项设置。

2.【素材】菜单　【素材】菜单下主要针对款式库的新增菜单，其中包括【打开】

【保存】与【编辑】款式库的工具菜单，除此之外还有【部件库】的选项。具体菜单如图 2-11（b）所示，款式库的建立为用户的使用提供了巨大的便利。

（a）新建文件菜单栏　　　　　（b）素材菜单栏

图2-11　文件与素材菜单界面

3.【编辑】菜单　【编辑】菜单栏如图 2-12（a）所示，在此状态下的复制与粘贴纸样与恢复工作区纸样位置呈现灰色。【记忆工作区纸样位置】【清除多余点】与【1：1误差修正】的功能为纸样编辑工作提高了效率。

4.【纸样】菜单　【纸样】菜单栏如图 2-12（b）所示，不同于早期的版本，现纸样菜单下的功能更加齐全，如【款式资料】【做规则纸样】，以及一些对纸样的细节操作使纸样的设计与编辑更加便利。

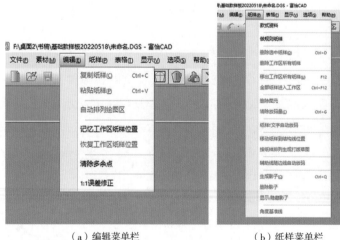

（a）编辑菜单栏　　　　　（b）纸样菜单栏

图2-12　编辑与纸样菜单界面

5.【表格】菜单　【表格】菜单栏如图2-13（a）所示，主要是四个功能的设置，【规格表】【尺寸变量】【纸样信息表】【计算充绒】。

6.【显示】菜单　【显示】菜单如图2-13（b）所示。

7.【选项】菜单　【选项】菜单栏如图2-14（a）所示，在默认状态下，尺寸对话框与点偏移对话框都是在启用状态。【系统设置】【层设置】与【钻孔命令设置】则需要点击显示。

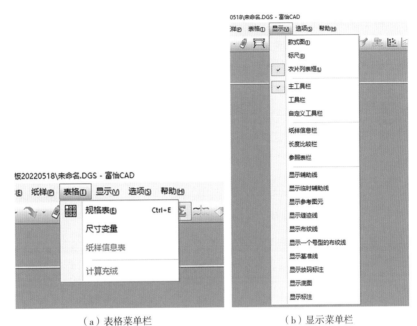

（a）表格菜单栏　　　　　　　　　　　（b）显示菜单栏

图2-13　表格与显示菜单界面

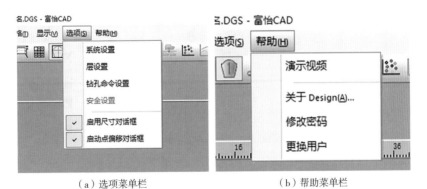

（a）选项菜单栏　　　　　　　　　　　（b）帮助菜单栏

图2-14　选项与帮助菜单界面

8.【帮助】菜单　【帮助】菜单是一般软件都会具备的选项，如图2-14（b）所示，旨在于帮助使用者解决常出现的问题与麻烦。在富怡CAD系统中的帮助菜单则有着四个功能：【演示视频】【关于Design】【修改密码】【更改用户】。从四个方面较为全面地解决用户在使用过程中遇到的麻烦与困难。

二、菜单栏的使用技巧

该命令是用于给当前文件做一个备份。由于菜单栏下的下拉菜单众多，根据市场需求及使用频率等要素挑选一些功能的使用技巧进行详细说明。

1.【文件】菜单

（1）【安全恢复】。由于各种原因导致没有来得及保存的文件，用该命令可找回来，因此提高了工作效率，避免发生重复劳动。

（2）【打开DXF文件】。主要用于打开国际标准格式DXF文件。DXF文件作为各个软件的交通媒介，是非常重要的环节。

（3）【输出DXF文件】。将在富怡中绘制的文件转成AAMA或ASTM格式文件。如图2-15所示，其ASTM/AAMA为标准的国际通用格式。转化后的DXF文件可以通用于其他服装CAD软件与3D虚拟试衣软件。

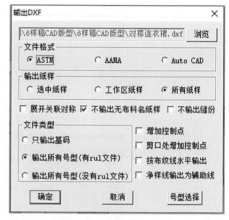

图2-15　输出 ASTM 格式纸样

2.【素材】菜单

（1）【打开款式库】。款式库中系统自带的基础款式，可以调入到DGS里进行编辑、修改，提高纸样设计的效率，如图2-16所示。款式库内基本可分为上装、裙装、裤装三大类，其中上装分为女装、男装、童装；裙装分为女款裙、童款裙；裤装分为女裤、男裤、童裤。

（2）【保存款式库】。这一菜单功能可以将自己制作的款

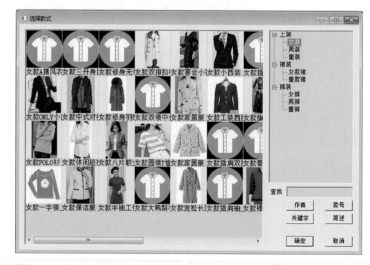

图2-16　款式库中的图

式保存到款式库里，以便下次调用与修改，也可以为保存的款式文件进行命名与分类，方便下次寻找，如图2-17所示。

图 2-17　保存款式库文件图片

（a）自动排列对话框　　（b）保存位置对话框

图 2-18　自动排列绘图

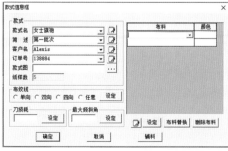

图 2-19　1：1 误差修正

3.【编辑】菜单

（1）【自动排列绘图区】。该功能可以将工作区的纸样按照绘图纸张的宽度自动排列，只需要选择需要排列的纸样进行填充，设置好纸样间隙即可完成自动排列，提高效率，如图 2-18 所示。

（2）【记忆工作区中纸样位置】。当工作区中纸样排列完毕，执行【记忆工作区中纸样位置】点击存储区后，系统就会记忆各纸样在工作区的摆放位置。

（3）【1：1 误差修正】。该命令主要为了进行误差修正，如图 2-19 所示，测量系统中的此线段数值与真实该线段数值间的误差，缩小误差范围。

4.【纸样】菜单

（1）【款式资料】。该命令用于统一输入同一文件中所有纸样的共同信息。除此之外，在款式资料中输入的信息可以在布纹线上下显示，并可传送到排料系统中随纸样一起输出。

（2）【做规则纸样】。通过该命令快速做圆或矩形纸样，如图 2-20 所示。

（3）【删除图元】。快速清除结构线及纸样上的图元类型，包括辅助线、褶、剪口、扣眼等如图 2-21（a）所示，勾选想要删除的图元类型可快速删除。

（4）按【纸样生成打板草图】。将纸样生成新的打

图 2-20　命令快速做圆或矩形纸样图

板草图，在弹出的子栏目框中勾选所需要的选项完成打板草图，详细如图2-21（b）所示。

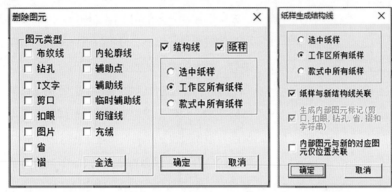

（a）删除图元对话框　　　　　　　（b）纸样生成结构线对话框

图2-21　删除图元及纸样生成打板草图

5.【表格】菜单

（1）【尺寸变量】。该命令用于存放线段测量的记录，可以查看各码数据，也可以修改尺寸变量符号。

（2）【计算充绒】。该功能能够通过输入整体充绒密度及所有充绒损耗，计算出充绒数据。

第五节　工具栏介绍

富怡服装CAD启动后，即可看见工具栏，对工具栏的介绍可更快熟悉系统的主要工具内容。本节仅对较为重点的工具进行相应介绍，在后期进行制板实践时会常使用到工具栏内的工具。

一、快捷工具栏

快捷工具栏如图2-22所示，由于工具众多，仅挑选其中常用的工具进行说明。

图2-22　快捷工具栏

1. 【重新执行】　该工具可把撤销的操作再恢复，每按一次就可以复原一步操作，可以执行多次。快捷键为［CTRL+Y］。

2. 【读纸样】 主要用于将手工做的基码纸样或放好码的网状纸样输入计算机。

3. 【绘图】 按照一定的比例绘制纸样或结构图。可在弹出的对话框中设置当前绘图仪型号、纸张大小、预留边缘、工作目录等数据，如图2-23（a）所示。

4. 【规格表】 规格表通过输入服装的规格尺寸来编辑号型尺码及颜色，如图2-23（b）所示，以便放码。

 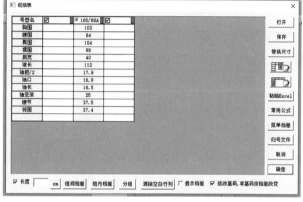

（a）绘图对话框　　　　　　　　　　（b）规格表对话框

图2-23　绘图和规格表对话框

5. 【显示一个纸样】 该工具可以进行纸样的锁定，纸样被锁定后，只能对该纸样操作，这样可以排除干扰，也可以防止对其他纸样的误操作。

6. 【公式法自由法切换】 该工具可以随意切换是自由法打板还是公式法打板。自由法打板要求操作者能够熟练掌握纸样与数据。

7. 【纸样按查找方式显示】 按照纸样名或布料两种方式将纸样窗的纸样放置在工作区中，如图2-24所示，便于查找纸样。

（a）查找纸样对话框　　　　　　　　（b）点放码表对话框

图2-24　查找纸样和点放码表

8. ▣【复制放码量】 该工具用于快速复制已放码的点的放码值，便于粘贴给其他控制点。

9. ▨【按规则放码】 该工具按规格表里的规格进行放码。

10. ▨【匹配参考图元】 该工具显示画线时与参考图元是否匹配，图元包括点、线、钻孔以及剪口等。图标呈现选中状态则表示匹配，图标呈现未选中则表示不匹配。

11. ▨【显示/隐藏标注】 主要是未显示或隐藏标注。图标在选中状态下会显示标注，没选中即为隐藏。

12. ▨【定型放码】 该工具可以让其他码的曲线的弯曲程度与基码归为一致。

13. ▨【等幅高放码】 该工具可将两个放码点之间的曲线按照等高的方式放码。

14. ◉【颜色设置】 主要用于调整纸样列表框、工作视窗和纸样号型的颜色。

15. ▭【等分数】 主要用于等分线段，图标框中的数字显示多少则是将线段等分为多少份。

16. ▭▾【线颜色】 主要用于设定或改变结构线的颜色。

17. ⌒⌒⌒▾【曲线显示形状】 主要用于改变线的形状。

二、纸样工具栏

1. ◈【调整】工具 该工具用于调整曲线的形状，查看线的长度，修改曲线上控制点的个数，进行曲线点与转折点的转换（图2-25）。

2. ▨【合并调整】 主要将线段移动旋转后调整，常用于前后袖窿、下摆、省道、前后领口及肩点拼接处等位置的调整。合并调整能够减少不同纸样间的重复操作。

3. ▨【对称调整】 该工具主要是对纸样或结构线进行对称调整，常用于对领。

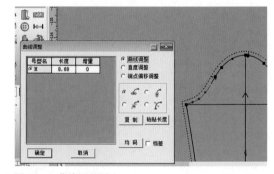

图2-25 曲线调整图

4. ◈【线调整】 该工具用于检查和调整两点间曲线的长度、两点间直度，如图2-25所示。

5. ◈【橡皮擦】 用来删除结构图上点、线，纸样上的辅助线、剪口、钻孔、图片、省褶、缝迹线、行缝线、放码线、基准点（线放码）等。

6. ◈【局部删除】 主要用来删除线上某一局部线段。

7. ◈【点P】 该工具能够直接在线上定位加点或空白处加点，适用于纸样、结构线。用该工具在要加点的线上单击，靠近点的一端会出现亮星点，并弹出【点的位置】对话框，输入数据确定即可，如图2-26所示。

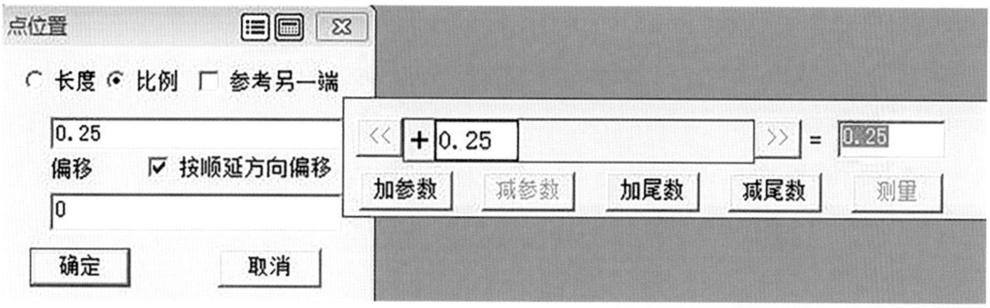

图2-26 点位置

8. 🖐️【关联/非关联】 将端点相交的线用【关联/非关联】工具调整时，使用过关联的两端点会一起调整，使用过不关联的两端点不会一起调整。

9. ✏️【替换点】 该工具可以替换要替换的点，使用完该工具后与原点相连的线段也会与替换点连接。

10. └【圆角】 圆角工具可以在不平行的两条线上，做等距或不等距圆角曲线。便于制作西服前幅底摆，圆角口袋。

11. ⌒【三点弧线】 通过三个点可快速形成一段圆弧线或画三点圆，适用于画结构线、纸样辅助线。

12. ⌒【CSE圆弧】 该工具可快速画圆弧、画圆，在弹出的对话框中输入合适的半径即可立刻形成圆弧或圆，适用于画结构线、纸样辅助线，如图2-27所示。

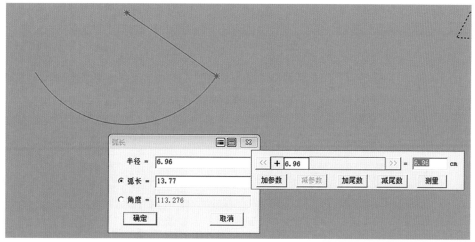

图2-27 绘制圆弧纸样辅助线图

13. ✂️【剪刀】 该工具用于从结构线或辅助线上拾取纸样。

14. 👁️【拾取内轮廓】 在纸样内挖空心图。可以在结构线上拾取，也可以将纸样内的辅助线形成的区域挖空。

15. 🖱【等分规】 在线上加等分点或是反向等距点，在弹出的对话框中输入数据即可等分整个线段。

16. ✂【剪断线】 该功能用于将一条线从指定位置断开，变成两条线，也能同时用一条线打断多条线，或把多段线连接成一条线，如图2-28所示。

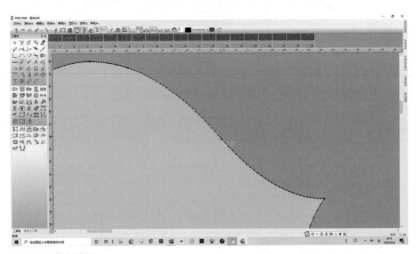

图2-28　剪断线图

17. 🅰【圆规】 圆规工具主要分为单圆规与双圆规，单圆规主要是从关键点出发连接到一条线上的定长直线，常用于画肩斜线、袖肥、裤子后腰、袖山斜线等；双圆规则是通过指定两点连接到一条线上的定长直线，能够同时做出两条指定长度的线。常用于画袖山斜线、西装驳头等。

18. 📏【比较长度R】 主要用于测量一段或是多段线总长，也能够比较多段线的差值，也可以测量剪口到点的长度。主要用于对比纸样线段间的长度，减少误差，如图2-29所示。

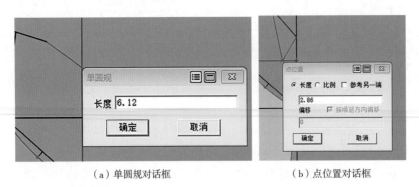

(a) 单圆规对话框　　　　　　　　(b) 点位置对话框

图2-29　比较长度图

19. 【对称复制】 能够根据对称轴对称复制（对称移动）结构线、图元或纸样。

20. 【插入省褶】 主要用于在选中的线段上快速插入省、褶，多用于制作泡泡袖、立体口袋等。

21. 【转省】 转省功能便于用户将结构线及纸样上的省转移。可同也可不同心转，可全部转移也可部分转移，还可等分转省，转省方式多样且便于操作。

22. 【缝份】 主要用于给纸样加缝份或修改缝份量及切角。

23. 【V形省】 能够在结构线或纸样边线上增加或修改V形省，如图2-30所示。

24. 【布纹线】 该工具主要用于创建布纹线，调整布纹线的方向、位置、长度及布纹线上的文字信息。

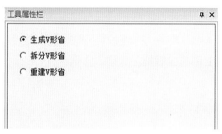

图2-30 生成省道的图

25. 【钻孔】 该工具可在结构线或纸样上加钻孔或扣位，能够修改钻孔和扣位的属性及个数。

26. 【剪口】 剪口工具可以在结构线、纸样边线、拐角处及辅助线指向边线的位置加剪口，还可以调整剪口的方向，对剪口进行放码，修改剪口的定位尺寸及属性。

第六节 智能笔操作技巧

富怡服装CAD的智能笔在绘制服装结构线及样板时的使用频率较高，它能实现多项操作过程，使用起来较为方便，还能提高制图效率。掌握其功能操作技巧极为重要。

一、智能笔操作技巧说明

1. 功能 【智能笔】工具有多种功能，是绘制结构图与纸样时方便的一个工具。具有画线、作矩形、调整、调整线的长度、连角、转省、加省山、删除、单向靠边、双向靠边、移动（复制）点线、剪断（连接）线、收省、相交等距线、圆规、不相交等距线、三角板、偏移点（线）、偏移等功能。

2. 操作

（1）单击左键。单击左键主要是进入【智能笔】操作，单击形成第一个点后单击右键即可形成【丁字尺】工具，可以进行水平、垂直以及45°角的线条绘制；除此之外画线过程中按［SHIFT］键可切换折线与曲线，如图2-31所示。

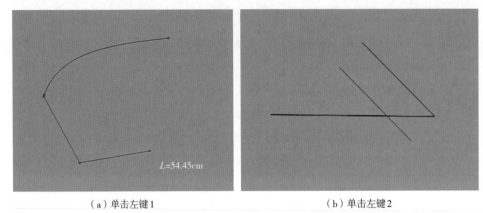

（a）单击左键1	（b）单击左键2

图2-31　单击左键的图

（2）左键拖拉。

①【智能笔】长按左键拖拉则进入【矩形】工具；在线上单击左键拖拉，进入【等距线】。

②在关键点上按下左键拖动到一条线上放开进入【单圆规】，如图2-32所示。

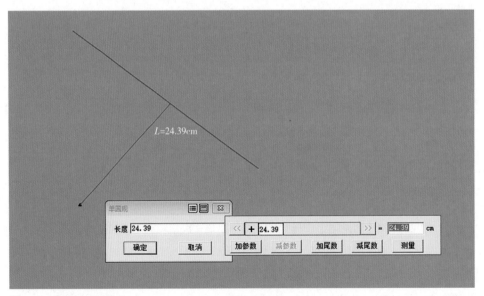

图2-32　单圆规工具界面

③按下［SHIFT］键，左键拖拉选中两点则进入【三角板】，再点击另外一点，拖动鼠标，作选中线的平行线或垂直线。

（3）左键框选。

①在空白处框选进入【矩形】工具。

②左键框住两条线后单击右键为【连角】功能，如图2-33所示。

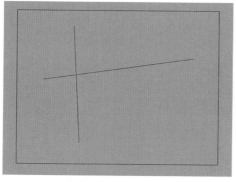

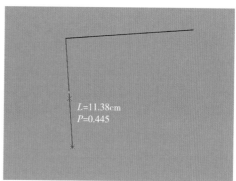

$L=11.38\text{cm}$
$P=0.445$

（a）空白处框选后界面　　　　　　　　　（b）连角工具使用界面

图2-33　连角工具界面

③如果左键框选一条或多条线后，再在另外一条线上单击左键，则进入【靠边】功能，在需要线的一边点击右键，为【单向靠边】。

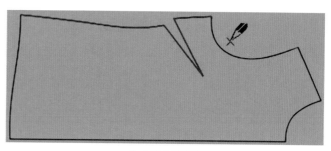

（a）选中四条线

④如果左键框选一条或多条线后，再按[DELETE]键则删除所选的线。

⑤左键框选四条线后，单击右键则为【加省山】功能（在省的哪一侧击右键，省底就向那一侧倒），如图2-34所示。

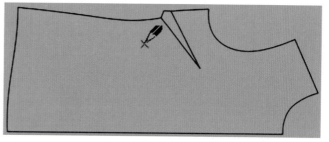

（b）在省的左侧点击右键

⑥左键框选一条或多条线后，按下[SHIFT]键，单击左键选择线则进入【转省】功能。

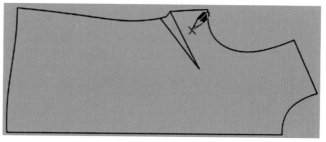

（c）在省的右侧点击右键

图2-34　加省山步骤图

（4）单击右键。

①在线上单击右键则进入【修改】工具。

②按下［SHIFT］键，在线上单击右键则进入【曲线调整】。在线的中间点击右键为两端不变，调整曲线长度。如果在线的一端点击右键，则在这一端调整线的长度，如图2-35所示。

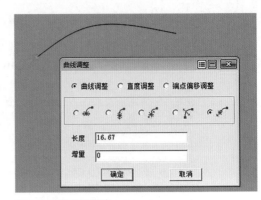

图2-35　曲线调整图

（5）右键拖拉。

①在关键点上，右键拖拉进入【水平垂直线】功能（右键切换四个方向），如图2-36所示。

②按下［SHIFT］键，在关键点上，右键拖拉点进入【偏移点】功能，如图2-37所示。

（6）右键框选。

①右键框选一条线进入【剪断（连接）线】功能。

②按下［SHIFT］键，右键框选一条线进入【收省】。

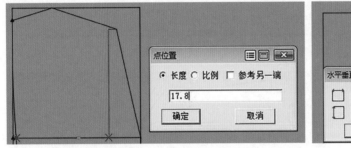

图2-36　水平垂直线图

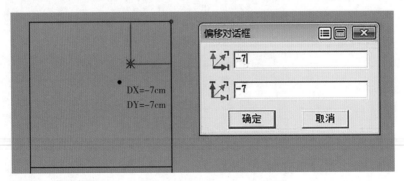

图2-37　偏移点图

二、智能笔操作技巧实例

1.功能切换技巧　上文中提及【智能笔】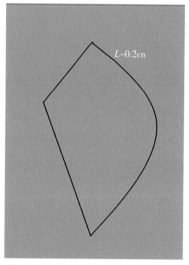
基础的画线方式，如图2-38所示，在画线过程
中间可灵活切换。在画折线过程中松开［SHIFT］
键，返回画弧线功能，再次按下［SHIFT］键，
可继续画折线。

2.省道转移　首先，全部省量合并。在全部
省量合并的操作过程中要先按着［SHIFT］键，
再左键框选需要转省的一条或多条线段，然后左
键单击新的省位线，进入转省功能后方可松开
［SHIFT］键，再按右键。其次，单击合并省的
起始边，再单击另一省边就能直接完成省道转移，
如图2-39所示。

图2-38　画折线图

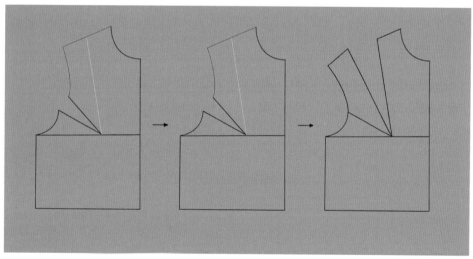

图2-39　省道转移图

3.收省　【智能笔】收省的过程首先按着［SHIFT］键，右键框选需要加省的线
段，左键单击省中线，在弹出的【省宽】对话框中输入省量后点击确定。再点击左键，
此时在两条省边移动鼠标，确定省的倒向，省山的方向也随之改变，确定后再点击左
键。此时可调整加省线的形状，按右键结束，具体操作如图2-40所示。

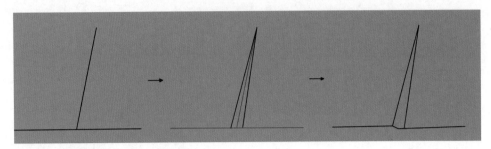

图2-40 收省道图

4.加省山 左键框选开口省的四条线（线段 A、线段 B、线段 C、线段 D），单击右键，生成省山，如图2-41所示。

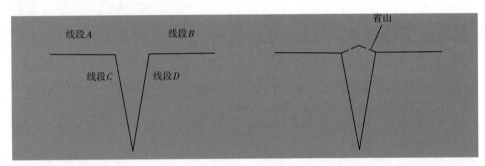

图2-41 加省山图

5.三角板 三角板用于在线上（或线外）指定点作与该线垂直或平行的定长线段。主要的操作方式为先按住［SHIFT］键，左键点击线段的一个端点或交点，按着左键拖动至该线的另一端点或交点，松开，就会进入三角板功能。

左键在点击线上（或线外）指定垂点，拖动鼠标，再点击左键，在弹出的【长度】对话框中输入线段长度值，作出选中线的垂直线或平行线，如图2-42所示。

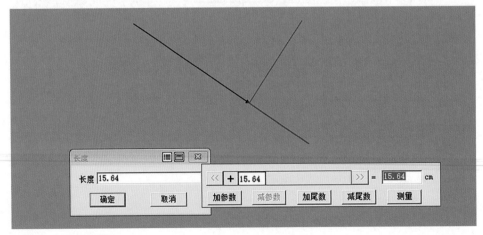

图2-42 三角板工具图

本章小结

■ 富怡服装CADV10.0版本具有专业的制板、放码、排料、款式库系统。其功能强大，操作便捷，上手较快，是服装企业提高工作效率与产品质量的数字软件，也是服装设计师不可或缺的CAD工具。

■ 服装CAD制板系统主要包括衣片的输入，各种点、线的设计，衣片生成，衣片绘制输入等功能的辅助服装结构设计和打板制作的应用系统。

■ 服装CAD放码系统根据我国服装号型系列标准的规定，参照不同规格、部位档差规定，运用放码原理在计算机上辅助完成工业打板推档。

■ 服装CAD排料系统是专用来排唛架的软件，它功能强大、使用方便，可有效降低生产成本，提高服装生产效率，缩短生产周期。

■ 智能笔的操作技巧包括功能切换技巧、省道转移、收省、加省山及三角板等，可提高服装CAD制板效率，使操作更为便捷迅速。

练习与思考

1. 对服装CAD系统的设计、放码及排料系统有初步的了解。
2. 富怡服装CAD系统能否与其他服装CAD软件实现资源共享？
3. 熟悉了解富怡服装CAD操作系统界面。
4. 熟练掌握智能笔的操作运用。

第三章
服装CAD制板及
纸样创新

课程名称：服装CAD制板及纸样创新

课题内容：服装CAD制板操作过程，以及纸样创新理念的讲解

课题时间：10课时

教学目的：通过训练服装CAD的制图工具，熟练使用制图工具，能够灵活绘制样板，
　　　　　并通过创新纸样案例开拓思维

教学方式：使用电脑工具熟悉服装CAD软件

教学要求：1. 使用电脑工具完成教学中的服装CAD制板步骤，并主动完成自主训练
　　　　　　　部分内容

　　　　　2. 通过多次训练可熟悉掌握常用的智能笔、矩形工具等，直到可熟练使用
　　　　　　　服装CAD制板为止

　　　　　3. 左键、右键、快捷键的熟练使用，创新纸样的变化

　　　　　4. 注意纸样公式的换算，以及数据、带有弧度的纸样曲线的圆润平滑程度

课前（后）准备：课前需要预习书中需要制板的内容，并完成本章训练内容

服装制板是服装生产中不可或缺的一个步骤，服装制板技术既可扩充款式造型数据库，又可加快服装设计从草稿到成品的速度。随着现代制造业的发展，传统服装制板已逐渐被数字化服装制板所替代，利用服装 CAD 进行工业化制板是全球数字化服装行业的发展趋势。使用服装 CAD 制板能够提高服装生产效率与生产质量。

打造数字化服装 CAD 核心技术，需要捕捉未来市场需求信号。服装 CAD 具有很强的设计改板功能，它涵盖了服装款式设计、服装结构设计、服装样板制作等方面的内容，这些模块不仅能很好地应对数字化跨境服装设计发展现状，同时还能提高服装企业的现代化管理水平，使服装企业尽早适应目前发展迅速的市场竞争环境，充分发挥服装 CAD 的作用，使其成为服装企业面对竞争时强有力的工具。

随着元宇宙时代的到来，数字化服装设计师的需求也越来越大，因此需要培养更多操作娴熟，且具有创新性的服装数字化设计师。因此本课程还需要建立成熟、完善的系统化服装 CAD 教学课程体系，助力产学研融合；全面规划实用且紧跟时代背景的教学目标。

本章主要对服装 CAD 制板的基础样板，如第八代日本文化式女装原型上衣、原型裙、基础型衬衫、基础型西裤，以及参与设计比赛的创新纸样进行了专业的教程指导，其中包括制板要求、号型设置、纸样结构设计、产生纸样，并针对典型纸样进行了详细的图解说明，其中操作步骤详细，对基本技巧与注意事项也进行了专业描述。

本章讲解的所有实例操作均在富怡服装 CAD 软件中完成，该系统功能强大，操作模式实操性强，上手快，是国内多家服装企业优先选择的软件。制板方法为平面裁剪法，通过电脑在软件平台纸样设计工具栏内完成；也可利用立体裁剪后转化为纸样或手工绘制纸样，利用数字化仪器导入电脑，再进行改板、绘制等；还可针对性修改纸样，修改纱向，放对位记号。

在学习制板时需要了解规范的理论知识与制板规则，将理论与实践相结合，循序渐进地提高服装 CAD 制板的难度与创新度。

第一节　服装CAD基础纸样设计

在服装 CAD 系统内进行纸样设计能够让读者更快地熟悉操作步骤，本系统提供了两种制板方式：①自由设计法；②公式法。其中，基础纸样所使用的是公式法，创新设计的纸样为自由设计法，读者可根据不同的设计需求来选择制板方法。由于不同国家的消费人群的体型特征不同，纸样制作方法也不同，本节选择符合亚洲地区人群的文化式原型进行教学。

第八代日本文化式女装原型是箱型原型，为突出女性体型特征，增加服装造型，分配出合理的省道，后片与前片省道百分比分别为7%、18%、35%、11%、15%、14%。根据实用原则，肩斜度不受其他尺寸影响，可采用常用角度，前后片的肩斜度数分别为22°、18°。

一、第八代日本文化式女装原型上衣制板

第八代日本文化式女装原型上衣整体造型特点为箱型且合体，为满足三维的人体曲线，分别对胸部、腰部、肩背部进行了省道设计。其背长至腰节点，衣领为贴合脖颈的圆领，在了解一定任意活动特征及人体活动特点后，还需要增加一定的松量（松量是12cm），获取合体的基础纸样。纸样款式如图3-1所示。

本节以第八代日本文化式女装原型上衣为例，利用富怡服装CAD10.0（教育版）软件对原型纸样进行设计。第八代日本文化式女装原型上衣基础线如图3-2所示，第八代日本文化式女装原型上衣结构图如图3-3所示。

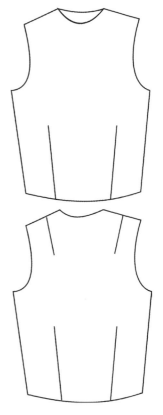

图3-1　第八代日本文化式女装原型上衣款式图

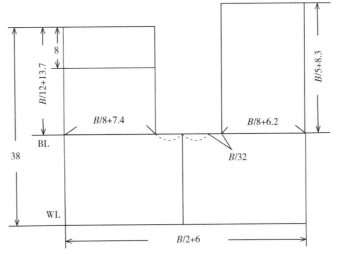

图3-2　第八代日本文化式女装原型上衣基础线（单位：cm）

B—净胸围尺寸　WL—腰围线　BL—胸围线

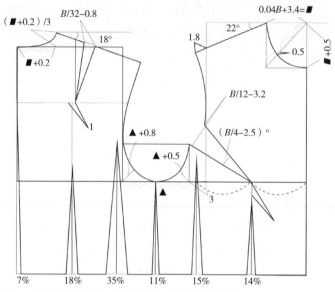

图3-3　第八代日本文化式女装原型上衣结构图（单位：cm）

1.各部位详细尺寸数据　第八代日本文化式女装原型上衣详细尺寸数据如表3-1所示，其中绘制基础线的步骤如下。

表3-1　第八代日本文化式女装原型上衣规格尺寸数据　　　　单位：cm

部位	身高	净胸围	净腰围	背长	领围	袖长
尺寸	160	85	68	38	40	53

2.服装CAD制板步骤

（1）打开富怡CADV10.0系统，在 ▥【选择】下的【表格】菜单中单击 ▥【规格表】，弹出窗口后设置号型，详细信息如表3-2所示。本章节所使用的上衣号型为160/84A，单击窗口内的表格后输入部位名称并确认对应的号型规格表如图3-4所示，还可通过单击【确定】按钮后以文件的形式保存，并在【选项】中选择【系统设置】，在弹窗中选择【自动备份】中的【使用自动备份】，如图3-5所示，备份间隔时间可自定义。

表3-2　基础线部分尺寸公式　　　　单位：cm

部位	公式	说明
前后片宽度	$B/2 + 6 = 48.5$	B为净胸围85，6为松量/2
前袖窿深	$B/12 + 13.7 = 20.7$	B为净胸围85
后袖窿深	$B/5 + 8.3 = 25.3$	B为净胸围85
前胸宽	$B/6 + 6.2 = 20.4$	B为净胸围85
后背宽	$B/6 + 7.4 = 21.6$	B为净胸围85

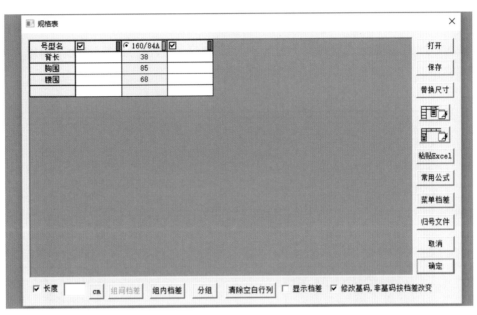

图3-4 规格表界面

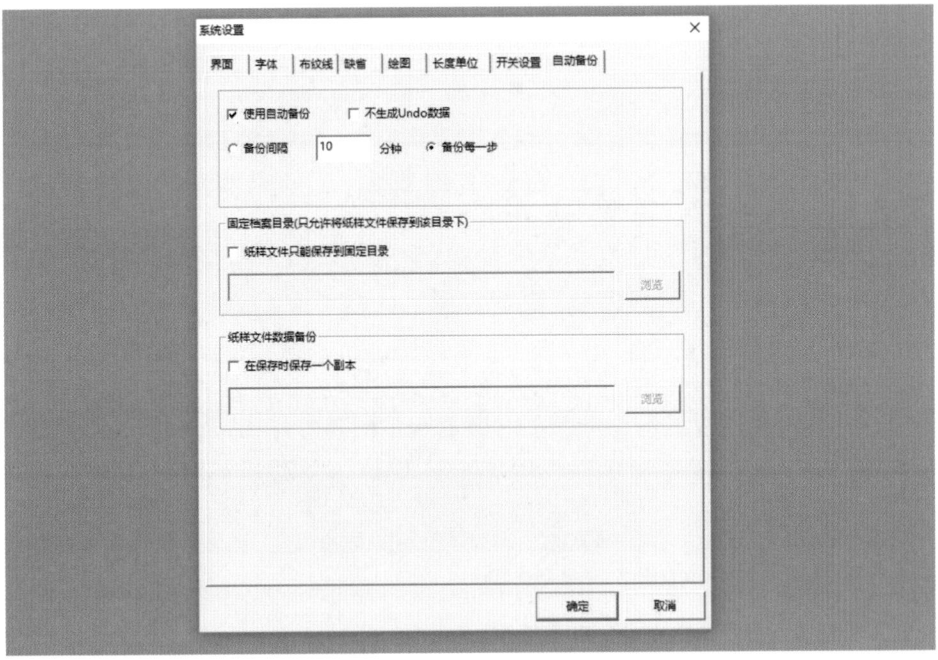

图3-5 系统设置界面

（2）绘制基础线。首先单击 ✐【智能笔】工具，绘制后中线和腰围线，用鼠标右击空白界面，单击右键切换【丁字尺】，绘制直线，再次单击右键确定点，再单击左键可绘制曲线。在弹出【长度】窗口时右击【计算器】，如图3-6所示，双击输入【背长（38）】，点击【ok】键，再单击【确定】，即可得到背长线。以此类推，根据提供的计算公式绘制出胸围线、前胸宽、后背宽、前后袖窿深、前后上平线等基础线，并用  【等分规】工具确定侧缝线，最终的基础线如图3-7所示。

图3-6　绘制基础线界面

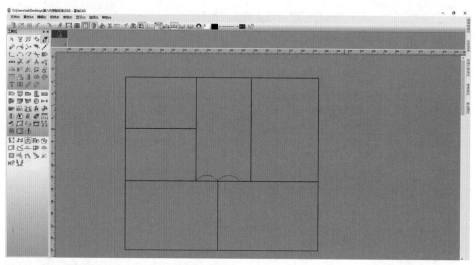

图3-7　第八代日本文化式女装原型上衣基础线界面

3.绘制第八代日本文化式女装原型上衣

（1）通过公式分别计算出前领宽和前领深，详见表3-3，再使用 【智能笔】，按住［SHIFT］键，再单击左键，进入【矩形】工具，得到矩形。再绘制后领宽、后领深，利用 【等分规】工具将前领宽、前领深的矩形对角线、后领宽分别等分为3份，绘制衣前片与衣后片的领围，如图3-8所示。

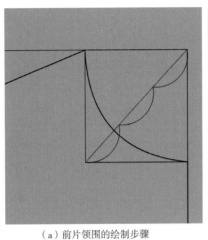 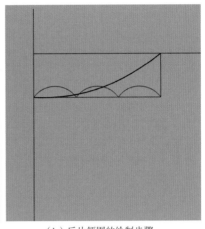

（a）前片领围的绘制步骤　　　　　　　　　　（b）后片领围的绘制步骤

图3-8　前、后片领围绘制步骤

表3-3　原型部分尺寸公式　　　　　　　　　　　　单位：cm

部位	公式	说明
前领宽	$\square = B/24 + 3.4 = 6.9$	B 为胸围85
前领深	$\square + 0.5 = 7.4$	/
后领宽	$\square + 0.2 = 7.1$	/
后领深	$7.1/3 = 2.4$	/
胸省角	$(B/4 - 2.5) = 18.8°$	/
胸省角对应袖隆弧长度	$B/12 - 3.2 = 3.9$	B 为胸围85
前后片腰省	胸腰差 $/2 \times 7\% = 0.8$ 胸腰差 $/2 \times 18\% = 2.1$ 胸腰差 $/2 \times 35\% = 4$ 胸腰差 $/2 \times 11\% = 1.3$ 胸腰差 $/2 \times 15\% = 1.7$ 胸腰差 $/2 \times 14\% = 1.6$	胸腰差 $/2 = (B/2 + 6) - (W/2 + 3) = 11.5$； （$B$ 为净胸围85，W 为净腰围68）

（2）使用 ✐【智能笔】工具绘制前肩斜线，先使用【角度线】工具，单击关键点，过线上一点作垂线，跟随光标移动，确定前肩斜度为22°，再选择 ✍【比较长度】工具测量两点间距离，肩端点至前胸宽的长度为1.8cm，在肩端点处用【点】工具确定交叉点，再将多余线删除即可；后肩斜线角度为18°，长度为"前肩斜线+1.8cm"，确定后肩端点，如图3-9所示。

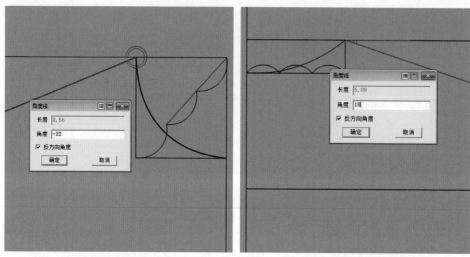

（a）前片肩斜线绘制步骤　　　　　　　（b）后片肩斜线绘制步骤

图3-9　角度线的绘制步骤

（3）增加省道，需要在纸样后片增加一个肩省，使样板更加合体，如图3-10所示。

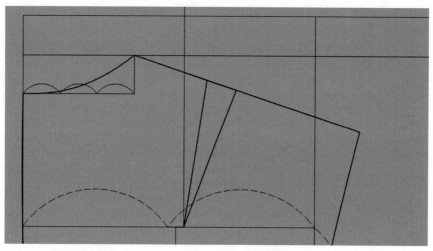

图3-10　肩省的绘制图

（4）确认前后袖窿弧线的几个关键点后，在操作界面单击左键进入画线操作，按住
［SHIFT］键选择画任意曲线状态，确定前后袖窿总长，绘制袖窿弧线，如图3-11所示。

（5）使用【点】工具，　【等分规】工具，两等分前胸宽，在中心点向左平移
0.7cm，确定BP点，两等分后背宽，在中心点向右平移1cm，确定肩省道点，用【智能
笔】　　向后肩线绘制一条垂直线，确定肩省为"1.5cm+1.8cm"。确定胸省角具体数据
（表3-3），绘制前后片的腰省道，第八代日本文化式女装原型上衣结构线如图3-12所示。

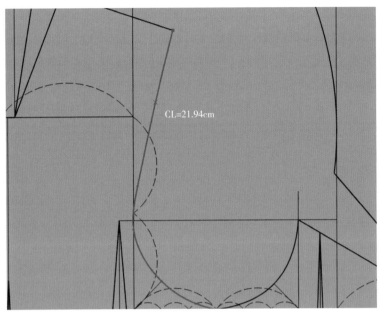

图3-11　袖窿弧线绘制

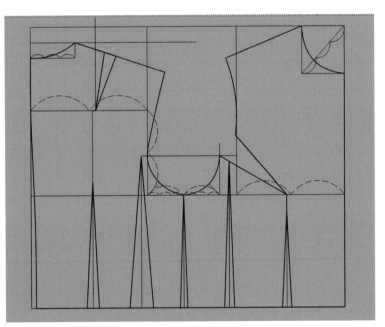

图3-12　第八代日本文化式女装原型上衣结构线界面

4. 上衣原型纸样

（1）用 ✂【剪刀】工具从辅助线或结构线上拾取纸样，用该工具框选纸样的结构线，再用 📋【纸样对称】工具，在属性栏内选择不关联对称，即可显示完整纸样。

（2）再单击右键，最终形成纸样，拾取后的线会变成蓝色。如图3-13所示，单击或框选插入省道的线，右击两次，确定胸省、肩省、腰省的省宽与省长。

（3）确认上衣前后片的缝份，使用 ▱【缝份】工具加缝份，可以修改缝份量，绘制布纹线方向，添加布纹线、前后片等基本纸样信息后，即完成上衣前后片纸样，如图3-14所示。

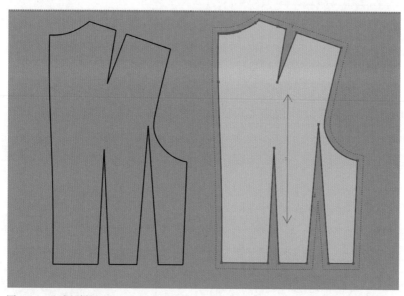

图3-13　生成纸样界面

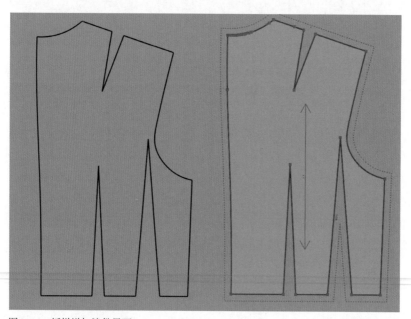

图3-14　纸样增加缝份界面

二、原型裙的结构设计与制板

原型裙的整体造型特点为直筒型，为突出人体曲线，对腰部进行了省道设计，裙长至膝盖，前后片分别有两个省道设计。中后片还有开衩设计，便于行走，在了解任意活动特征及人体活动特点后，还需要增加一定的松量。

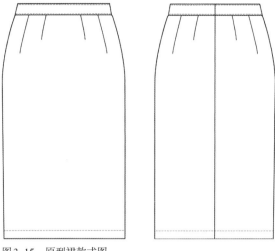

图3-15　原型裙款式图

原型裙腰围的松量是2cm，臀围松量为4cm，以下是合体原型裙制板详细步骤。款式图如图3-15所示，原型裙基础线如图3-16所示，原型裙结构图如图3-17所示。

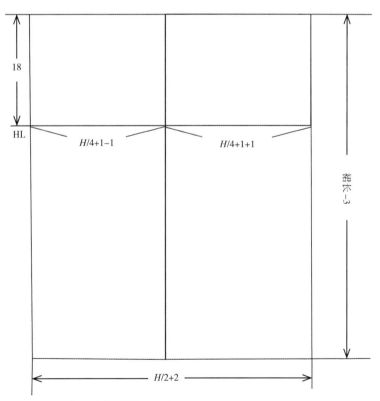

图3-16　原型裙基础线（单位：cm）
H—臀围　HL—臀围线

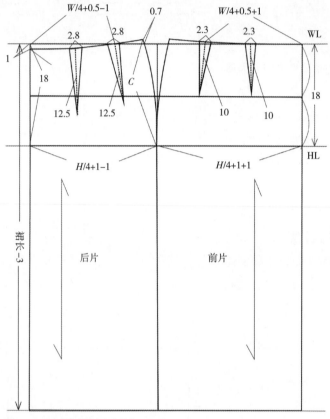

图 3-17　原型裙结构图（单位：cm）

1.各部位详细尺寸数据　原型裙详细尺寸数据如表3-4所示，原型结构基础线及详细结构尺寸如图3-14所示，其中绘制基础线的步骤如下。

表3-4　裙原型规格尺寸数据

单位：cm

部位	身高	净腰围	净臀围	裙长	腰长
尺寸	160	68	94	60	18

2.服装CAD制板步骤

（1）号型设置，详细信息如表3-5所示，本节所使用的号型为160/68A，单击 ▦ 【规格表】，在窗口内的表格内输入部位名称并确认对应的号型，单击【确定】按钮后以文件的形式保存。

（2）绘制基础线，首先单击【矩形】工具，绘制后裙原型框架，用鼠标右击空白界面，在【计算器】界面输入矩形的长度与宽度，长度为"裙长-3cm"，宽度为46cm。在弹出【长度】窗口时右击【计算机】图示，双击输入【臀围/2+2=49】，点击【ok】键，再单击【确定】。根据提供的计算公式确定侧缝线、臀围线，前中心线的长度为"臀围/4+1"，后中心线的长度为"臀围/4-1"，如图3-18（a）所示，基础线绘制步骤如图3-18（b）所示，详细步骤可参照第八代日本文化式女装原型上衣基础线绘制方法。

表3-5　原型裙部分尺寸公式　　　　　单位：cm

部位	公式	说明
前后片宽度	H/2+2=49	H为净臀围94，2为松量/2
前片宽度	H/4+1+1=25.5	H为净臀围94
后片宽度	H/4+1-1=23.5	H为净臀围94
前片	W/4+0.5+1=18.5	W为净腰围68，
后片腰围	W/4+0.5-1=16.5	W为净腰围68，1为松量/2

（a）平行线绘制步骤　　　　　　　　　　（b）基础线绘制步骤

图3-18　绘制基础线步骤

（3）绘制裙原型。

①通过公式分别计算出前后片腰围，再使用 ✐【智能笔】工具绘制腰围线，起翘量如表3-5所示，再绘制侧缝线，后片腰围侧缝线处下降1cm，侧缝线相交的位置到臀围线的距离为5cm，如图3-19所示。

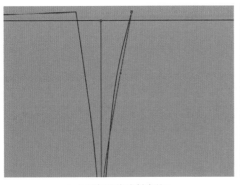 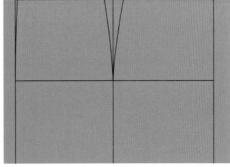

（a）裙侧缝线绘制步骤1　　　　　　　　　（b）裙侧缝线绘制步骤2

图3-19　绘制裙侧缝线步骤

②用 【V形省】工具在腰围结构线上增加省道，单击边线后右键结束，单击省
线，确定省道大小，具体数据如表3-5所示，按右键结束，合并腰省，最终的省道如
图3-20所示。后裙片方法同上，最终原型裙如图3-21所示。

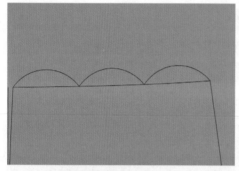

（a）确定腰省位置步骤

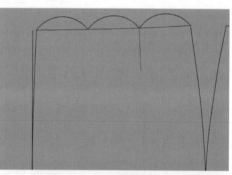

（b）腰省绘制步骤

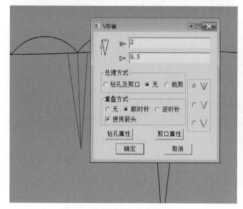

（c）确定腰省量的步骤1

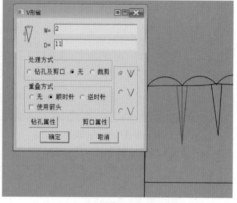

（d）确定腰省量的步骤2

图3-20 绘制裙腰省步骤

③裙腰头制板。用【矩形】工具，在窗口
内输入长度【腰围+2】，宽为［腰高×2］，使
用 【智能笔】绘制腰折线，如图3-22所示。

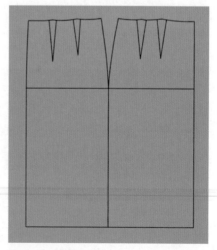

图3-21 原型裙

图3-22　绘制裙腰头

　　④制板。用 ✂【剪刀】工具拾取纸样，如图3-23所示。在纸样菜单中单击纸样资料，分别填写裙子前后片与腰头的纸样布料类型、方向、纸样份数等详细信息，确认上衣前后片的缝份，使用 📄【缝份】工具加缝份，可以修改缝份量，如图3-24所示。通过 📄【剪口】工具设置记号，再用 📄【纸样对称】工具，在属性栏内选择不关联对称，即可显示完整纸样。

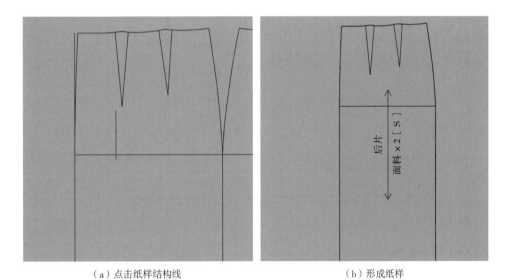

（a）点击纸样结构线　　　　　　　　　　　　（b）形成纸样

图3-23　形成纸样步骤

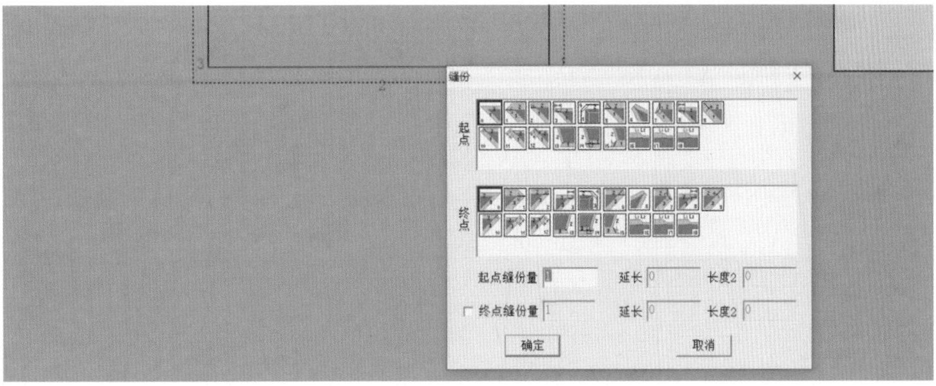

图3-24　增加缝份步骤

第二节　基础型衬衫CAD制板

　　本节选择的基础型衬衫为女长袖衬衫，目前衬衫是组成我国服装的重要款型之一，在服装定制中衬衫的频次较高，易标准化，利用服装CAD进行衬衫制板，有利于后期线上个性化衬衫定制业务的发展。

　　利用3D测量仪器进行量体后，可直接得到相关数据，再通过服装CAD制板，形成一条完整的数字化生产链。目前我国针对衬衫进行纸样设计有以下几处创新：①在衬衫纸样设计方法上的创新：苏州大学的曹兵权对人体各部位归档后得到相应的衬衫部件，在基础样板上利用服装CAD储存矢量图，对照服装号型分析人体体型以提取对应部位的样板矢量部件进行重构并生成样板。②基于衬衫进行的量身定制的体型分类方法创新，此方法利用衬衫款式结构样片各部位点进行线性的参数变化，并进行修改，根据修改的参数，建立新的衬衫样片变化规则，进行体型分类，这种方法提高了效率，减少了大量修改样板的时间。

一、制板要求

　　衬衫必须符合以下几点：①前后片有腰省，前侧也有省道、翻领，较合身，为经典款式衬衫。②需要以下必要尺寸：衣长、胸围、腰围、肩宽、袖长、领围。③松量：由于是较合身的款式，胸围松量为42cm，腰围松量为46cm。

二、号型设置

　　女衬衫款式图如图3-25所示，详细尺寸数据如表3-6所示，绘制基础线的步骤如下。

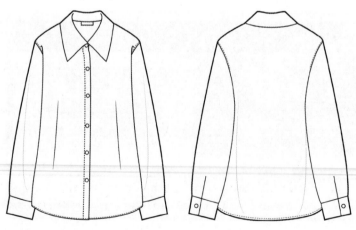

图3-25　女衬衫款式图

表3-6　女衬衫成品规格尺寸数据　　　　　　　　单位：cm

部位	衣长	胸围	腰围	肩宽	领围	袖长	半袖口
尺寸	69	130	114	45	42	60	13.2

打开菜单栏的【表格】，单击 ▦【规格表】，弹出窗口后设置号型，本节所使用衬衫的号型为165/88A，单击窗口内的表格后输入部位名称并确认对应的号型，还可通过单击【确定】按钮后以文件的形式保存，女衬衫结构详细尺寸如图3-26所示。

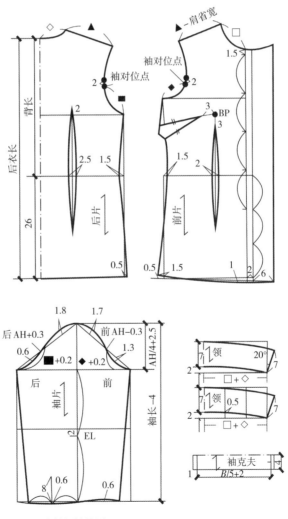

图3-26　女衬衫结构图

三、前后片的结构设计

1.衬衫前片结构设计

（1）首先使用【矩形】工具，在工具窗口内设置长度为58cm（衣长），宽度为23cm（胸围/4），绘制出前片的基础线，如图3-27所示，将前后片的矩形框都绘制好。用 ✍【智能笔】工具在矩形内绘制腰围线与胸围线，利用【平行线】工具选择上平线，左键按住向下滑动，再松开鼠标，绘制平行线，出现平行线窗口后输入第一条平行线【22.3】的数值，该距离为"胸围/6+7"，再输入平行线的数值为【2】，第三行是第二条与第一条平行线间的距离数值，为【15】，再单击【确定】。

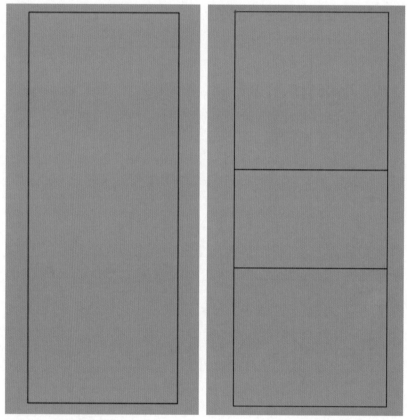

图3-27　绘制结构框

使用【矩形】工具绘制横开领与直开领，前领宽和前领深的公式，宽输入【8】（领围/5），长输入【8.5】（领围/5+0.5），详情可见第一节中第八代日本文化式女装原型上衣，其中领弧线部分可直接根据确定点来完成，也可通过 ⌒【三点弧线】工具，点击三个点即可绘制领弧线，后期再对弧线进行修改，使其更加圆顺，如图3-28所示。

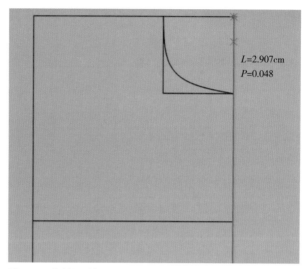

$L=2.907\text{cm}$
$P=0.048$

图3-28　绘制矩形框

（2）用 ✎【智能笔】工具绘制肩线，右击调试到【角度线】模式，弹出窗口后输入相应的角度与长度，也可以使用肩斜比值【15：6】，将光标放在侧颈点处，不用点击，按［Enter］键会看到【偏移对话框】，向左垂直移动【15】，再垂直向下移动【6】，输入移动数值，再左击侧颈点，即可得到肩线，如图3-29（a）所示。

（3）用 ✎【智能笔】点击上平线，在窗口内输入【18.5】（肩宽/2），并在此点绘制一条垂直且相交于肩斜的线，在交点上向右平移绘制冲肩线，右击［SHIFT］键，单击左键，进入绘制水平状态输入【2.5】，再在线右侧点上绘制一条垂直于胸围的线，如图3-29（b）所示。

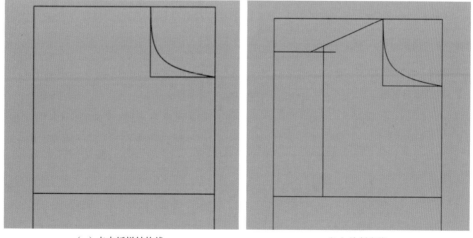

（a）点击纸样结构线　　　　　　　　　　　　　（b）绘制肩线

图3-29　肩线绘制步骤

（4）用【智能笔】绘制袖窿线，将上一步中垂直于胸围线的线用【等分规】工具分为三等份，在2/3处作为袖窿线的一个点，最终绘制出袖窿线，再用【调整】工具右击红色进行调整。用【智能笔】绘制侧缝线，在腰围处点击相交点，在腰围线处向右移动1.5cm，在下摆处绘制一点，向左平移2cm，向上平移1cm，单击侧缝与以上两点连接，绘制侧缝线，并使用【调整】工具右键点击联动点来调整线的弧度。再点击后中线的下端点，在下摆线的基础线1/3处作为关键点，与侧缝线下摆的点连接绘制下摆线，如图3-30所示。

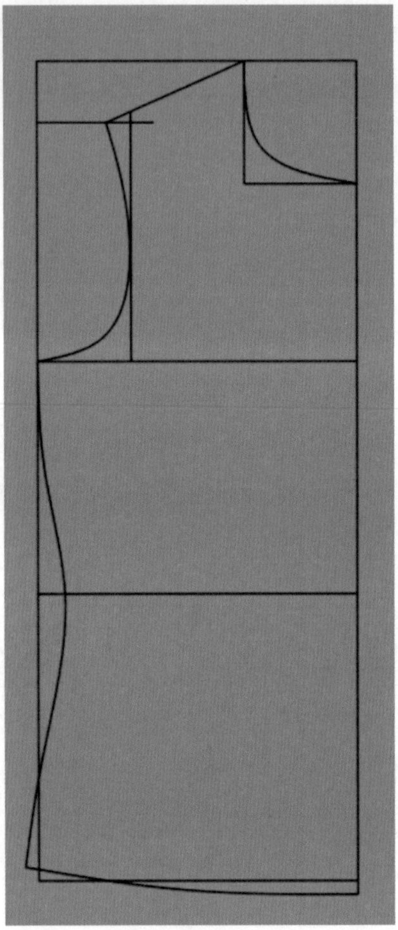

图3-30 前片绘制步骤

（5）绘制省道，分别用【收省】工具及【V形省】工具做衬衫前片的腋下省及腰省。首先确定腋下省尖点，使用【智能笔】工具，将鼠标移动至腰围线的中间会变红并显示中心点，在中心点处按［Enter］键，弹出【偏移对话框】后输入横向移动量与纵向移动量，分别为【-0.5】、【-1】，左键按【确定】，如图3-31（a）所示。再将鼠标移动到侧缝线上，用鼠标左键按住侧缝线，跳出【点位置】对话框，在偏移处输入【7】，单击【确定】后与省尖点连接，得到省中心线，如图3-31（b）所示。选择【收省】工具，按下［SHIFT］键，右键框选出一条线，左键点击省道中心线弹出【省宽】对话框，输入【2.5】后单击【确定】得到衬衫胸省，如图3-32所示。

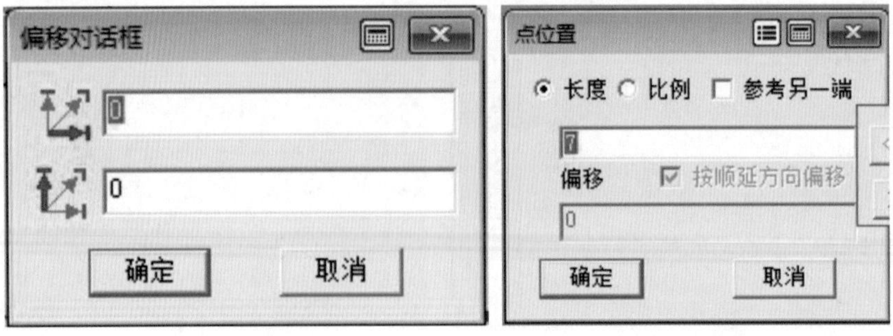

（a）点偏移对话框　　（b）点位置确定

图3-31 偏移对话框与点位置步骤

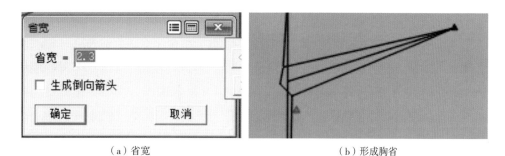

（a）省宽　　　　　　　　　　　　　　　（b）形成胸省

图 3-32　确定省宽步骤

　　腰省均在裁好前后片样板后通过【V形省】工具获取，此时只需确定省的位置即可。使用 ✐【智能笔】移动到胸围线的中心点处，变红以后按下［Enter］键，在偏移对话框处输入横向移动【-1】，纵向移动【-7】，【确定】后绘制一条垂直线，长度为【24】，如图3-32所示。用 ✐【智能笔】工具，使用【平行线】工具在前片的前中线处绘制止口线，一共为两条平行线，平行宽度分别为【1.3】【2】，如图3-33所示。

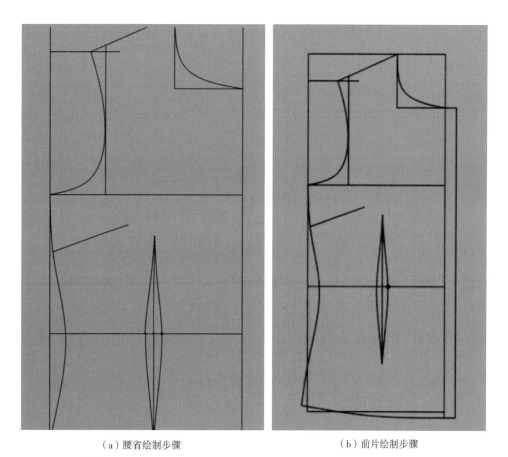

（a）腰省绘制步骤　　　　　　　　　　　　　（b）前片绘制步骤

图 3-33　省道制作步骤

2.衬衫后片结构设计

（1）在基础矩形框内使用 ✐【智能笔】工具，按住左键选中胸围线向下移动0.4cm，使前片与后片胸围高度相差0.4cm，再用 ✐【橡皮擦】工具删除不需要的线条。使用【矩形】工具绘制领宽、领深，领宽为【8】（领围/5），领深为【8.5】（领围/5+0.5），使用 ✐【智能笔】工具画出领弧线，对弧线进行修改，使弧线更顺畅，详细步骤可参照上文。

（2）用 ✐【智能笔】工具绘制肩线，右击调试到【角度线】模式，通过肩斜比值【15∶4.5】，将光标放在侧颈点上，按［Enter］键会看到【偏移对话框】，向左垂直移动【15】，再垂直向下移动【-4.5】，输入移动数值，再左击侧颈点，即可得到肩线。

（3）用 ✐【智能笔】工具点击上平线，在窗口内输入【19】（肩宽/2），并在此点绘制一条垂直且相交于肩斜的线，在交点上向右平移绘制冲肩线，右击［SHIFT］键，单击左键，进入绘制水平状态，输入【2.5】，再在线右侧点上绘制一条垂直于胸围的线，如图3-34所示。用 ✐【智能笔】工具在胸围线上确定后背宽（胸围/6+2.5=17.8cm），绘制一条垂直线，与肩斜线相交，再绘制一条垂直于此线，连接肩斜线端点的线，如图3-35所示。

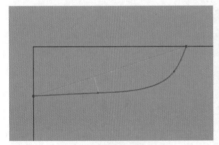
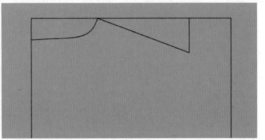

（a）后片领围绘制步骤　　　　　　（b）肩斜线的绘制步骤

图3-34　后片领围与肩斜线的绘制步骤1

（4）确定后腰的省道位置，将光标移动到腰围线中心点处，向下绘制一条垂直线，长度输入【12】，点击【确定】。如图3-36所示，后袖窿线与侧缝线用 ✐【智能笔】工具绘制，主要参照前片袖窿线与侧缝线的制作方法。确定侧缝线的长度后依照方法绘制侧缝线，最后将弧度修改圆顺即可。

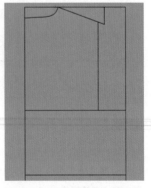

图3-35　后片领围与肩斜线的
绘制步骤2

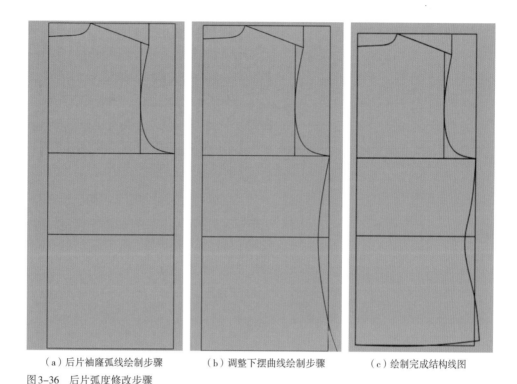

（a）后片袖窿弧线绘制步骤	（b）调整下摆曲线绘制步骤	（c）绘制完成结构线图

图3-36　后片弧度修改步骤

（5）后片结构线绘制完毕后如图3-37所示。

四、袖子的结构设计

（1）单击 ✎【比较长度】工具测量出前后袖窿长度，分别为20.5cm和21.6cm，再使用 ✐【智能笔】工具画出垂直线，公式为"袖长－5=50cm"，再绘制一条水平线作为袖肥，确定袖山高为【12.8】，绘制袖斜线连接袖肥如图3-38所示。

（2）选择 ⬚【等分规】工具把袖山的斜线等分成四份，使用 ✐【智能笔】工具在前袖山斜线的四分之一处绘制向上的垂线，长度为【1.5】，在前袖山斜线四分之三处绘制向下的垂线，长度为【1.3】，后袖山斜线同样等分为四份，步骤如上，四分之一垂线的向上和向下的长度分别为【1.5】【0.5】。

（3）选择 ✂【剪断线】工具，将前袖山线的中点处剪开，再点击【点】工具，移动到分开的下半段

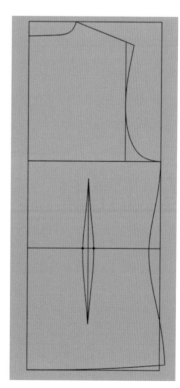

图3-37　后片完整结构图

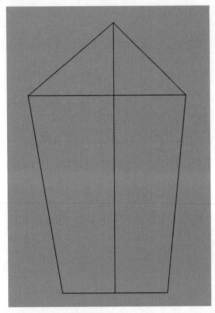

图 3-38 袖子结构框架

前袖山斜线处，在【点的位置】中填写长度【1】，确定新的点，再用 ✐【智能笔】工具按照不同的点绘制袖山弧线，如图3-39所示。

（4）在袖口线四分之一处向下作垂线，长度为【1】，在四分之三处向上作垂线，长度为【1】，绘制弧线，并在四分之一处向上垂直绘制直线，长度为【8】。

（5）使用 ▢【矩形】工具绘制袖克夫，长度与宽度分别为【22】【5】，再用 ✐【智能笔】确定扣子的位置，各向里绘制平行于袖克夫宽的直线，如图3-40所示。

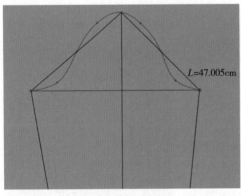

（a）袖山弧线绘制步骤1

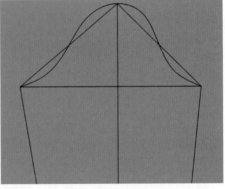

（b）袖山弧线绘制步骤2

图 3-39 袖山绘制步骤

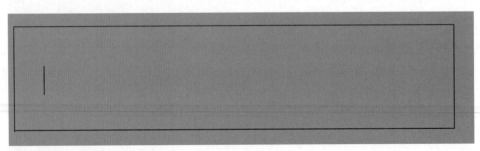

图 3-40 袖克夫绘制步骤

五、领子的结构设计

使用 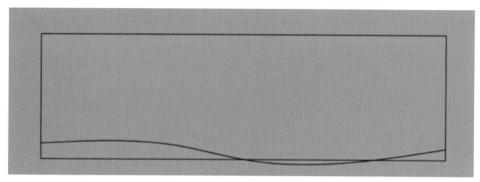【比较长度】工具测量出前后领围的长度，分别为13.2cm和12.6cm，记录下来，再使用 【水平垂直线】工具绘制领长与领宽，领长为30cm，宽为14cm。在垂直角宽的2cm处绘制一条垂直于领长的线，长度为【8】，再绘制一条与该线右端相交于领长的线。绘制一条与最新绘制的线垂直的线，长度为【7】，在领宽上端点绘制一条平行于领长的线，长度为【7】，再用 【调整】工具将领子外轮廓弧线绘制圆顺，详情如图3-41所示。

（a）绘制领子轮廓

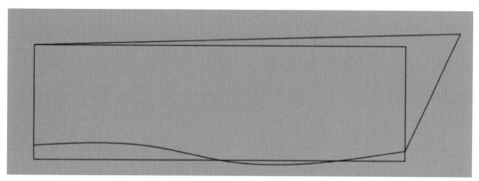

（b）确定领子外轮廓

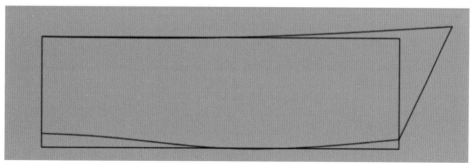

（c）调整领子弧度

图3-41　领子绘制步骤

六、裁剪样片

使用 ✂【剪刀】工具，左键点击所有外轮廓线，成为封闭区域后可生成纸样，使用 ✂【剪刀】工具右键点击纸样，在纸样上绘制省道，并在省道及口袋处绘制辅助线，如图3-42所示。

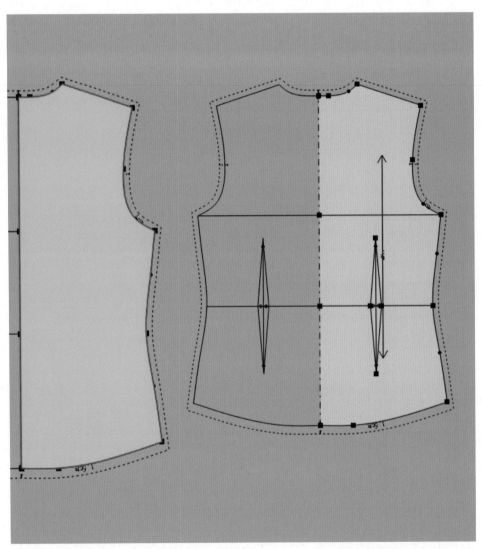

图3-42　生成纸样步骤图

　　以上是使用富怡Ⅴ10.0设计系统完成女衬衫的结构图的绘制过程，包括女衬衫前片、后片、袖子、领子的结构图，所有纸样如图3-43所示。

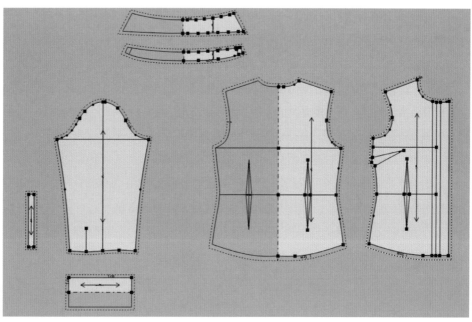

图 3-43　女衬衫所有纸样

七、基本技巧及注意事项

（1）在使用 ✐【智能笔】输入数值时，也可以利用长度窗口中间的 ▣【计算器】进行计算，如利用衬衫结构图中的"$B \times 2/5$"，可直接计算得到部位尺寸。

（2）在绘制衬衫结构时，也可以直接在菜单的【素材】中找到【打开款式库】，直接在女装原型中进行相应调整。

（3）注意，从起点绘制垂线时可切换鼠标右键确定是否为垂线模式。

八、自主训练

请用富怡 V10.0 软件绘制一款短袖女衬衫。

第三节　连衣裙CAD制板

连衣裙属于市场上较为常见的女装，也是女装中非常重要的品类之一，种类繁多，可适合不同场合，且具有一定代表性，深受消费者的喜爱，使用服装 CAD 制作连衣裙，可使连衣裙样板适应当今品种多、批量小、周期短的服装市场。连衣裙款式相关研究也较多，有学者对女性对连衣裙款式的偏好进行了相关研究，并总结女性更偏爱的连衣裙款式特征为：较低领口、半圆袖、中腰、一般腰部松紧、裙长到膝盖等。天津工业大学的学者讨论了服装设计中的公主线分割，并利用公主线的平行、交叉、合并、相交和排列构图形成多样且合体的连衣裙。Ji-Yong Lee使用MAYA软件建立虚拟非对称连衣裙，并通过RAPIDFORM2C-AN和YUKACAD将虚拟非对称连衣裙转换为二维纸样进行实验验证。有学者提出连衣裙式服装纸样原型的设计方法，并将原型分为五类，其中就有连衣裙式原型，并在此基础上搭建数据平台，使纸样设计方法更为科学、便捷、全面。还有学者针对连衣裙设计中的应用和处理方法，尤其是重点的因素，其中包含放松量、胸腰省的转移和装饰艺术，并从造型学的角度阐述如何进行创新纸样设计；导出纸样进行试穿实验，对三维虚拟试衣与实际试衣进行比较。

　　本节使用的是较为基础的吊带连衣裙和中国特色的旗袍，难度循序渐进，由浅入深，在本书后半部分后还会进行虚拟试穿实验。

一、制板要求

　　此款吊带连衣裙可以在第八代日本文化式女装原型上衣的基础上进行修改变化，此款式的要求如下：上半身为吊带款式修身，领弧线向下移，腰线较高，整体较为贴身，选用轻薄面料会显得俏皮活泼，款式图如图3-44所示，结构图如图3-45所示。对襟旗袍短袖的要求为短袖、修身、有胸省及腰省、裙长在膝盖以下，面料可使用丝织物，以获得更为华丽典雅的中式连衣裙，款式图如图3-46所示，结构图如图3-47所示。

图3-44　吊带连衣裙款式图

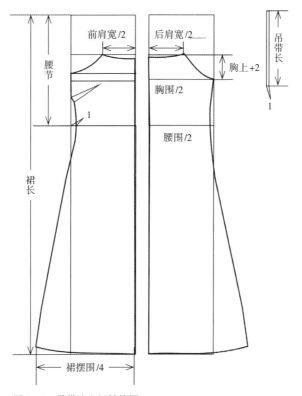

前肩宽/2　　后肩宽/2

腰节

胸上 +2

胸围/2

腰围/2

吊带长

1

1

裙长

裙摆围/4

图 3-45　吊带连衣裙结构图

图 3-46　旗袍款式图

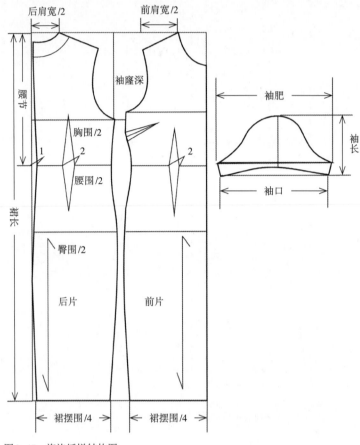

图3-47　旗袍纸样结构图

二、号型设置

吊带连衣裙详细尺寸数据如表3-7所示，原型结构基础线及详细结构尺寸如图3-45所示，其中的号型数据录入【号型编辑】对话框中，基本款式为165/88A号型。其中吊带连衣裙胸围松量为10cm。

表3-7　吊带连衣裙成品规格尺寸数据　　　　　单位：cm

部位	胸围	腰围	腰节	前胸宽	后背宽	下摆围	裙长	胸上
尺寸	98	69	39.5	25	27	148	122	7.5

三、吊带连衣裙的结构设计

（1）吊带连衣裙的结构较为简单，首先使用 ✐【智能笔】工具绘制两个基础矩形（也可以在第八代日本文化式女装原型上衣的基础上进行绘制），作为结构图。裙长为

【122】，前胸宽与后背宽分别为【25】【27】，下摆围为【148】。使用 ✐【智能笔】工具在矩形内绘制胸围线、腰围线，胸腰围高为【16.2】，吊带裙的领围的高度为【9.5】（胸上 +2），绘制一条与胸围平行的线，如图3-48所示。

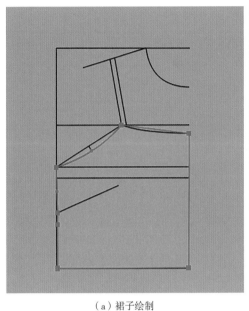
（a）裙子绘制

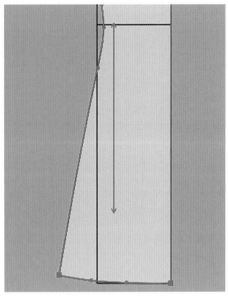
（b）形成纸样

图3-48 吊带连衣裙绘制步骤

（2）在前片的右端垂直线确定腰节点，使用【点】工具，确定胸线点，用 ✐【智能笔】向侧缝处绘制一条平行线，在此点绘制一条与中心线相交的平行线。确定前领深线与后领深线，分别为【12.5】（前胸宽/2），【13.5】（后背宽/2），前领宽线与后领宽线为【1】，在"胸上 +2"处绘制前后领弧线，袖窿处弧度从领弧处到胸围线端点绘制，用 ▶【调整】工具调整圆顺领弧线与袖窿弧线。

（3）选择 ✐【智能笔】工具，分别从两个点连接作连线，绘制出腋下省，并确定腋下省的省量，如图3-48所示。用 ✐【智能笔】工具绘制下摆围，长度为【148】，分别在左右端点向上绘制垂线，长度为【2】，用【点】工具分别在腰围线两端点处向中线移动【2】，绘制吊带裙的下摆弧线。

（4）使用 ✐【智能笔】工具绘制吊带，分别在前、后领弧端点绘制到腰节处的矩形，长度增加两倍，增加2cm的松量，宽度为【4】。移动光标至胸围线的左端点，按[Enter]键，输入【0.7】，垂直偏移后绘制平行线，修改前片袖窿弧线，最终获取吊带连衣裙样板，如图3-49所示。

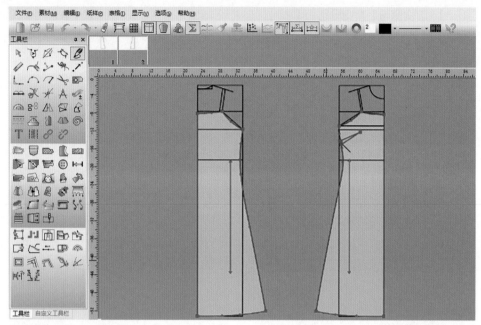

图3-49 吊带连衣裙纸样

四、对襟短袖旗袍连衣裙的结构设计

对襟短袖旗袍连衣裙详细尺寸数据如表3-8所示，其中的号型数据会录入【号型编辑】的对话框中，基本款式为165/88A号型。

表3-8 对襟短袖旗袍连衣裙成品规格尺寸数据   单位：cm

部位	胸围	腰围	臀围	下摆围	肩宽	袖长	袖窿深	领围	裙长
尺寸	118	100	118	114	44	17	25	40	112

（1）使用【移动】工具，将第八代日本文化式女装原型上衣移动到新建的工作界面内，前领弧在圆形的基础上将领深向下移动【1】，后领弧宽为"肩宽/2"。使用 ✐【智能笔】工具，从原型后片腰节线的左边端点向下绘制垂直线，总长度为裙长【112】，旗袍款式图如图3-46所示，纸样结构图如图3-47所示，绘制后如图3-50所示。旗袍前片结构图的绘制技

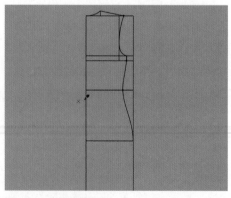

图3-50 旗袍绘制步骤

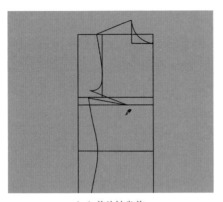

（a）前片转省前

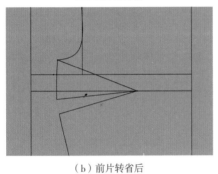

（b）前片转省后

图 3-51　旗袍的前片转省绘制步骤

巧可参照上文。

（2）旗袍前后片在转省道时要使用 [图标]
【转省】工具，直接转省如图 3-51 所示。紧
接着绘制修饰线，如图 3-52 所示，最终纸样
如图 3-53 所示。

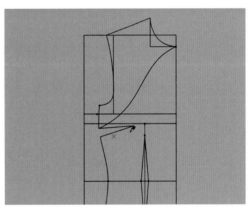

图 3-52　旗袍的修饰线绘制

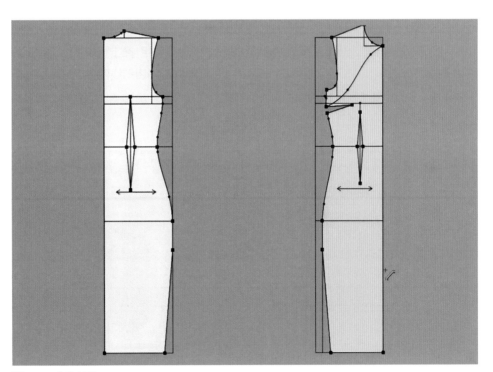

图 3-53　旗袍纸样

（3）利用 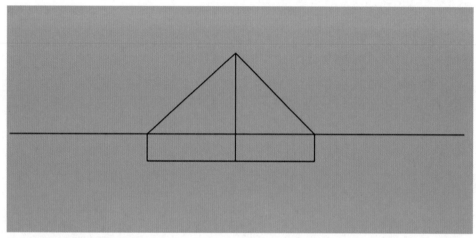【比较长度】工具，得到前、后袖窿弧长为【21.8】【23.7】。使用 【智能笔】工具绘制一条垂线，长度为【13.5】，作为袖长线，使用【点】工具确定好袖山高点，绘制一条袖长线的垂线，与袖山高点相交，在袖长线上端点分别绘制前袖山斜线与后袖山斜线，长度分别为"前袖窿弧长"与"后袖窿弧长+1"，并与袖山高线的两端点相交。确定袖肥，分别向左右端点绘制水平线，袖口长度为【33.8】，绘制出袖口线，如图3-54所示。

图 3-54　旗袍短袖框架

（4）选择 【等分规】工具把袖山斜线等分成4份，使用 【智能笔】工具在前袖山斜线四分之一处绘制向上的垂线，长度为【1.8】，在前袖山斜线四分之三处绘制向下的垂线，长度为【1.5】，后袖山的斜线同样等分为四份，步骤如上，四分之一垂线的向上和向下的长度分别为【1.8】【1.1】，如图3-55所示。

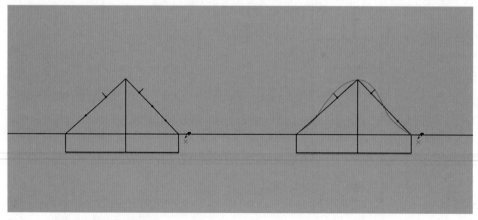

图 3-55　旗袍袖山斜线的框架弧线

（5）选择 ✂【剪断线】工具，在前袖山线的中点处剪开，再点击【点】工具，移动到分开的下半段前袖山斜线处，在【点的位置】中填写长度【1】，确定新的点，再用 ✐【智能笔】工具按照不同的点绘制出袖山弧线。

（6）在袖口线四分之一处向下绘垂线，长度为【1】，在四分之三处向上绘制垂线，长度为【1】，绘制弧线，并在四分之一处向上垂直绘制直线，长度为【2】，如图3-56所示。

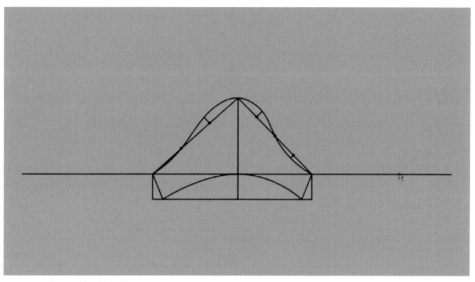

图3-56　旗袍短袖纸样结构图

五、产生纸样

选择 △【旋转】工具，合并前片、后片的腋下省、腰省，使用 ✂【剪刀】工具，按照纸样设计的需求分别点击外轮廓线后将不同纸样分离，裁剪好纸样，并在【纸样资料】中填写详细纸样信息，如名称、号型、份数等信息，设定缝份的剪口等，再利用 ▣【纸样对称】工具，确定中线位置将前后片对称，如图3-57所示。

六、基本技巧及注意事项

注意在调整旗袍短袖弧线时，要向内收【1】，注意袖窿弧线的长度要对应。

七、自主训练

（1）请参考以上连衣裙款式，绘制一款宽松、长袖的长裙。

（2）请查阅文献了解更多连衣裙的科学绘制方法。

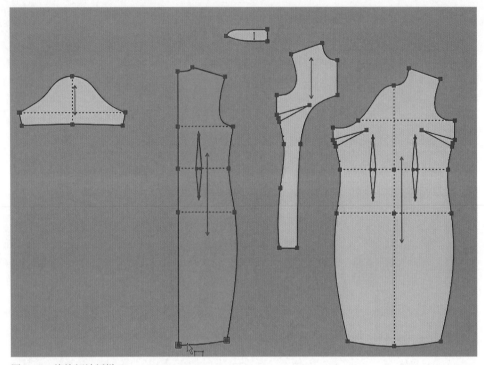

图3-57 旗袍短袖纸样

第四节　女西裤CAD制板

　　西裤是在特殊场合下穿着的服装，大多属于定制服装，是区别于成衣的一种服装产品，其基本特征是根据顾客的体型、喜好和需求进行一对一的服装设计、裁剪和制作。本节主要使用软件绘制女西裤，在制板的过程中可以发现西裤的特点，其款式特点为设计经典，板型细腻，工艺复杂，基本轮廓为H型，整体较为合体。

一、制板要求

　　女西裤为合体型裤装，腰位齐腰，绱腰头，后片有一个省道，前片无省道，女西裤纸样的结构框架如图3-58所示，结构图如图3-59所示。

　　分有一个前侧片与前片，前后各有两个口袋，前中装拉链，前后裤片制板过程中需要线条圆顺。在绘制的过程中需要注意前后片立裆、脚口数据，款式如图3-60所示。

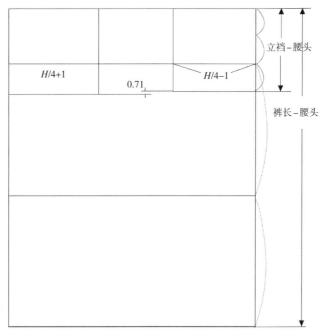

图3-58 女西裤结构框

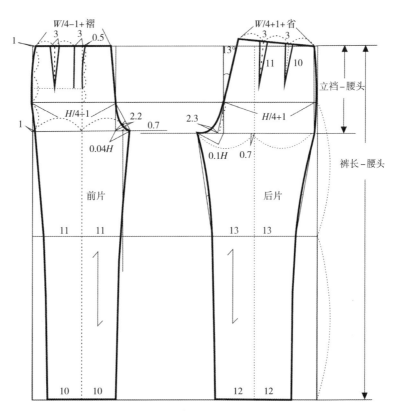

图3-59 女西裤结构图

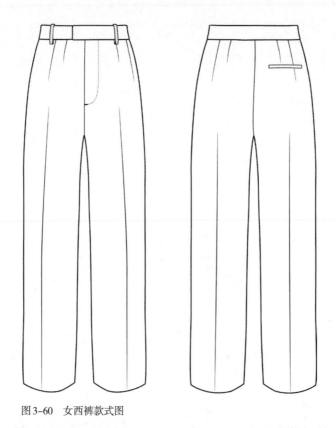

图 3-60　女西裤款式图

二、号型设置

执行【号型】和【号型编辑】命令，在弹出的窗口内以 165/88A 号型为例进行尺寸设计，详情如表 3-9 所示。

女西裤的腰围放松量为 2cm，臀围松量为 8cm。

表 3-9　女西裤成品规格尺寸数据　　　　　　　　　　　　　　单位：cm

部位	身高	腰围	臀围	裤长	脚口	腰头宽	膝围	立裆
尺寸	165	74	96	100	23	4	32	22.5

三、前后片的结构设计

1. **前片绘制**　首先在弹出的窗口内确定平行线与垂直线，垂直线长度是【裤长-3】，完成裤的基本框架，绘制腰围线、臀围线、裤长线、脚口线、膝围线，使用参数化制图，确保上方的参数化按钮是启动状态，再用 ✐【智能笔】画出绘制前片和后片的基础线（结构框线），左键单击，如图 3-61 所示。再单击右键绘制垂直的线，确定长度为【裤长-腰头】(100-4=96cm），可以在计算机窗口内操作进行，单击上侧端点，按住鼠标右键拖动，释放鼠标右键可弹出参数对话框。鼠标放到水平线上，按住左键拖动，绘制臀围线和底裆线，以左侧这条竖直的垂线为参考线绘制前片结构，在上水平线上单击左键，将鼠标光标移动到腰围线处，弹出窗口后编辑【H/4-1】，绘制完成横裆线。再单击右键变成【T字尺】，再绘制出框架，立裆线需单击左键去定长（注意单击的位置），输入【H×0.4/10】，再单击右键向上绘制直线，左键单击点，连接对角线，再使用【等分规】工具，按住右上角输入【3】，将线段进行三等分。

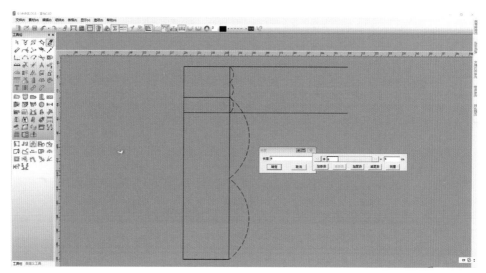

图3-61 女西裤基础线绘制

用 ✐【智能笔】工具绘制臀围线、膝围线【55】，小裆宽、小裆凹势，其中小裆宽=H/20-1，小裆凹势是2.5cm。用 ✎【加点】工具在横裆线上移动光标输入【0.7】，得到偏移0.7cm的点，接着用 ⇔【等分规】工具找到前裤片烫迹线上的点。

使用【智能笔】，在水平线上单击左键向内绘制1cm的点，再连接关键点，绘制出前裆弯的弧线，使用调整工具，左键单击中线，再单击左键添加控制点进行调整。智能笔在腰围线上取【W/4-1+4.8】的量，连接斜线到腰围线的点，单击右键结束绘制。将立裆线向下平移0.7cm，双击右键生成点。使用【等分规】工具，快捷框输入等分数，单击直线两端点进行等分，二等分点单击左键，再单击右键绘制裤中线，使用【等分规】工具，按［SHIFT］键变为线上等距工具，单击点，再沿线方向移动。再单击左键，输入【(H/4+1)/2】，【智能笔】点上单击左键连接曲线，点击右键结束。使用【调整】工具调整曲线；使用【剪刀】工具，左键单击线，再单击左键可将需要的线段剪断，如图3-62所示。

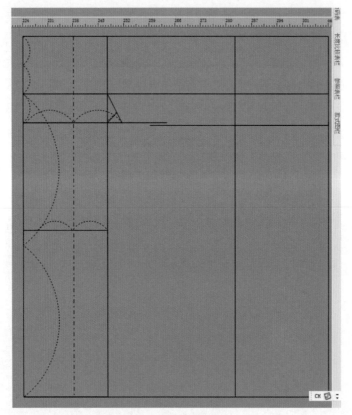

图3-62 女西裤小裆宽、小裆凹势绘制

　　用 ✐【智能笔】工具、◠◠【等分规】工具、✐【对称】工具与【加点】工具，找到中裆线、脚口线，如图3-62所示。用 ✐【智能笔】定前腰点，前中心偏进1cm左右，腰口线偏里1cm左右。用 Ａ【圆规】工具确定前腰围"$W/4-1+5$（褶裥量）"，如图3-63所示。

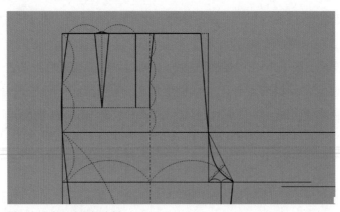

图3-63 女西裤腰部绘制

绘制褶裥的位置线、门襟线，绘制前侧袋布，完成前裤片结构图绘制，如图3-64所示。用【智能笔】连接内侧缝，画出裤口，单击右键结束。用【调整】工具，调整曲线。用【点】工具，在腰线上，距离外侧缝4cm处定一个点，用【圆规】工具单击点，再将线靠到侧缝线上。捕捉到侧缝线时单击左键输入袋长，绘制口袋，用【智能笔】画出门襟位置，门襟宽度为【3】，用【线型调整】工具，选择粗的线型，通过改变线型来调整门襟的形状。

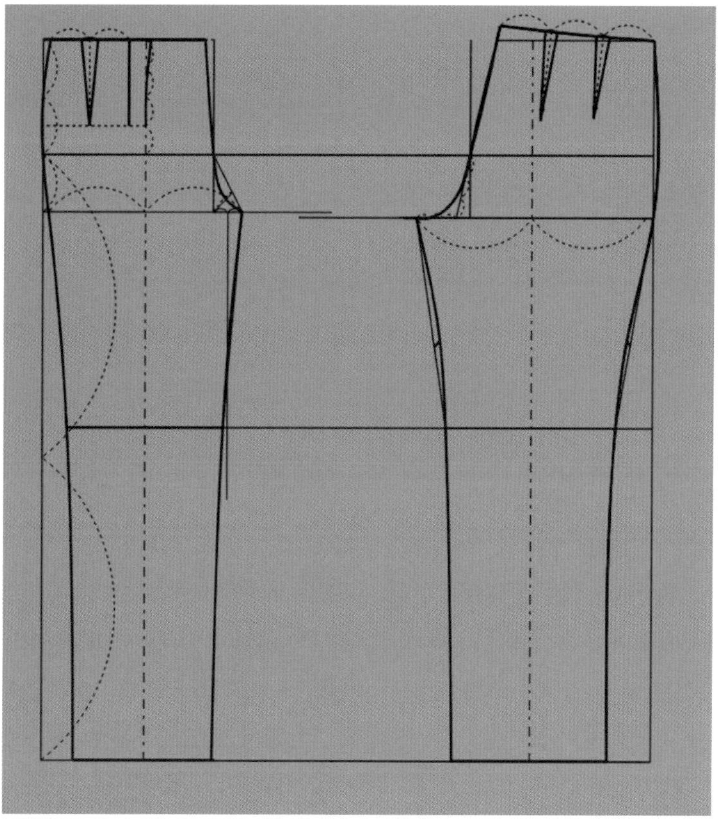

图3-64 女西裤纸样

2.绘制后片 绘制后片轮廓点。用【智能笔】工具绘制后裆斜线，将鼠标放到线上，按住左键拖动，在平行线中绘制另一侧框架线，平行拖动的长度为【$H/4+1$】，前片立裆线下落0.7cm为后片立裆线。绘制后裆弯斜线，用【智能笔】先单击组件，输入数据，再右键绘制水平线，找到点的位置，连接斜线，使用【角度】工具，数据为［13°］。使用【三角板】工具，单击直线上任意两线，在此点击延伸的起始点，确认延伸的长度，在底裆线上绘制出后裆弯的宽度，单击右键结束。使用【等分规】工具，将线段两等分，再将斜线与底档线的交点开始等分成3份，用【智能笔】绘制斜线，点击右键结束。

用【三角板】作绘制斜线的垂线，将平行线交于交点处，再拿橡皮擦擦掉辅助线，剪断线后用橡皮擦擦掉多余线段即可。绘制后裆弧线，点击右键结束。使用 A【圆规】工具，单击起始点，再靠到线上左键输入数值。再确定腰围及省尺寸的长度，为【$W/4+1+4$】。绘制裤中线，使用【等距】工具确定裤口的长度（$H/4+1+6$），绘制侧缝线，绘制详情可参照前片的步骤，如图3-65所示。

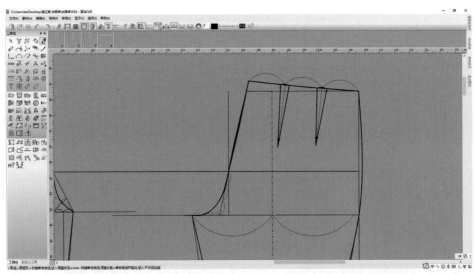

图3-65 女西裤腰省纸样

测量前内侧长度，使用【调整】工具，将前后内侧缝长度调整成相同的大小，再绘制腰省，将腰线使用【等分规】三等分，选择【∨形省】工具，单击右侧工具栏属性，选择【∨形省】选项。左键单击线，点击右键结束。再单击关键点，弹出参数框，W 为省宽，D 为省中线长度，处理方式为钻孔及剪口，重叠方式为顺时针，使用剪口。最后将省合并后的曲线调整圆顺，点击右键结束。用同样的方法绘制第二个省道。

绘制好腰头，绘制扣眼和扣子的位置，使用【点】工具在二等分处单击左键生成标记点，完成绘制腰头。做前、后腰省，以腰口斜线为基准线，从左侧截取10.5cm，再向下绘制10cm长的直角线，作腰省中心线。总省量为2cm，绘制出两条省边线。作腰头，使用 ✐【智能笔】，使用【连接角】的功能，对复制出来的腰头的结构线，修整多余的线段；旋转合并后腰头。将调整好的前、后腰头拼接完整。重新沿拼接好的腰头上、下边线绘制圆顺。

四、裁剪样片

选择 ✄【剪刀】工具，根据样片的设计要求分离纸样。并在【纸样资料】对话框中正确填写布纹线的方向和样片的描述。例如，纸样名称、份数、尺寸、面料类型等。然后确定样片各接缝边、对位剪口等的长度，如图3-66所示。

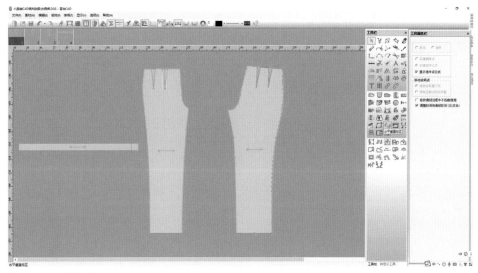

图3-66 女西裤纸样

五、基本技巧及注意事项

注意前后片的弧线，要保持线条流畅、圆顺，可以在关键点上重新绘制弧线，选择更圆顺的线条；比例协调，结构合理，省道位置，符号标注清晰。

六、自主训练

（1）尝试绘制一条女西装短裤。

（2）尝试绘制一条男西裤，列出异同点。

第五节　纸样创新设计变化

为了满足当前的需求，并将工作效率最大化，可通过已有纸样进行修改，改成消费者需要的纸样，这也是纸样创新的基础课程，本节的创新设计样板均采用设计丰富，甚至荣获国家级服装大赛金奖及新人奖设计师的作品，可为读者提供极具研究价值的参考数据。

一、创新设计变化的意义

　　服装的创新设计一定会有所变化，其产生的价值和意义影响着国人的审美。衣食住行，衣在前，自古至今人类都离不开服装，目前我国大多的服装基础纸样正在悄然发生变化，创新的纸样设计出的服装深受消费者的喜爱，此节罗列出相应的创新纸样，并进行案例分析。

二、创新设计纸样案例分析一

　　创新设计款式一中包括压褶长外套、压褶马甲、高领长袖上衣、直筒裤四件服装。创新设计款式一的效果图和款式图，如图3-67所示。

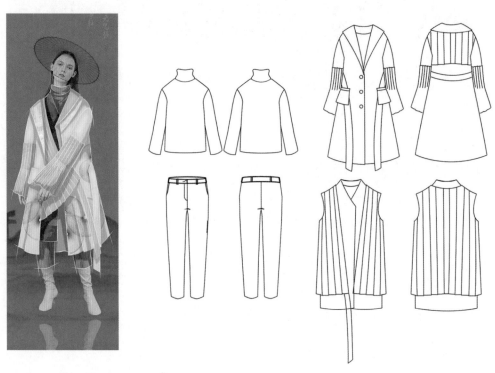

图3-67　创新设计款式一的服装效果图及款式图

　　创新设计款式一的压褶长外套纸样如图3-68所示，纸样一共分为13片，注意压褶部分。详细规格信息如表3-10所示。

表3-10　压褶长外套成品规格尺寸数据　　　　单位：cm

部位	衣长	胸围	腰围	肩宽	领围	袖长	袖口
尺寸	136	126	130	50	40	64	36

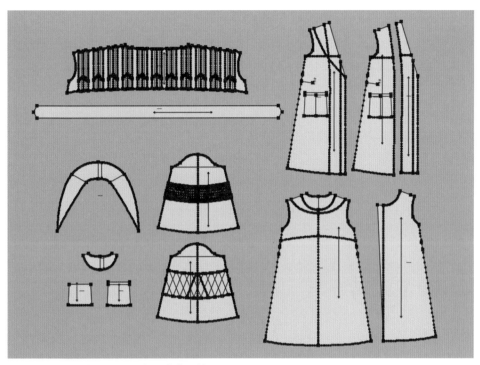

图3-68　创新设计款式一的压褶长外套纸样

　　创新设计款式一的压褶马甲纸样如图3-69所示，纸样一共分为7片，注意压褶部分。详细规格信息如表3-11所示。

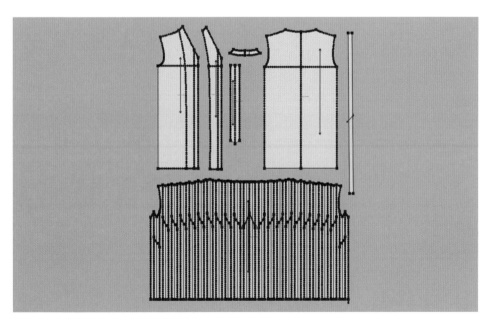

图3-69　创新设计款式一的压褶马甲纸样

表3-11　压裙马甲成品规格尺寸数据　　　　　　　单位：cm

部位	衣长	胸围	腰围	肩宽	领围	袖长	袖口
尺寸	79	112	112	48	40	0	0

创新设计款式一的高领长袖上衣纸样如图3-70所示，纸样一共分为4片，注意不同纸样的区分。详细规格信息如表3-12所示。

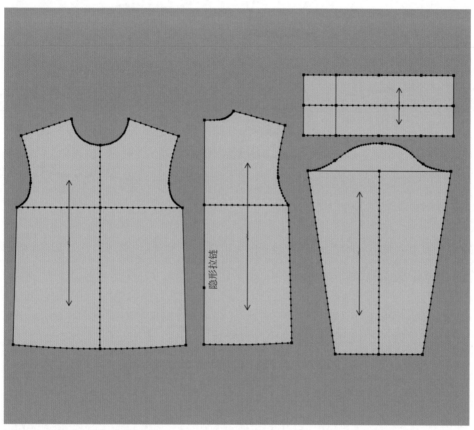

图3-70　创新设计款式一的高领长袖上衣纸样

表3-12　高领长袖上衣成品规格尺寸数据　　　　　单位：cm

部位	衣长	胸围	腰围	肩宽	领围	袖长	袖口
尺寸	58	92	80	39	40	58	23

创新设计款式一的直筒裤纸样如图3-71所示，纸样一共分为8片，注意不同纸样的区分。详细规格信息如表3-13所示。

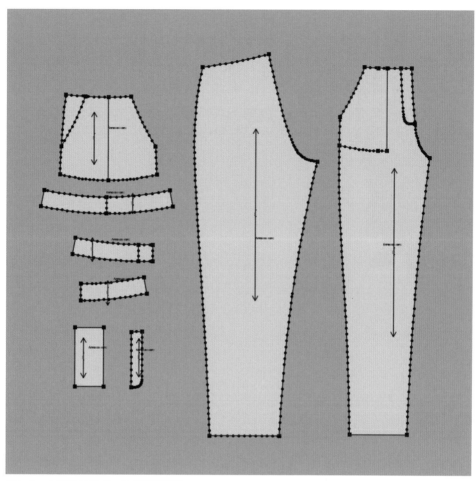

图 3-71　创新设计款式一的直筒裤纸样

表 3-13　直筒裤成品规格尺寸数据　　　　　　　　　　单位：cm

部位	裤长	臀围	腰围	裆深	大腿围	小腿围	脚口
尺寸	90	106	80	27	64	48	34

其余系列创新设计款式 CAD 纸样在第七章实例参考及 CAD 作品鉴赏。

三、创新设计纸样案例分析二

创新设计款式二中包括解构上衣、解构阔腿裤。创新设计款式二的服装效果图与款式图，如图 3-72 所示。

解构上衣、阔腿裤规格如表 3-14、表 3-15 所示，创新设计款式二的解构上衣纸样如图 3-73 所示，创新设计款式二的解构裤子纸样如图 3-74 所示。

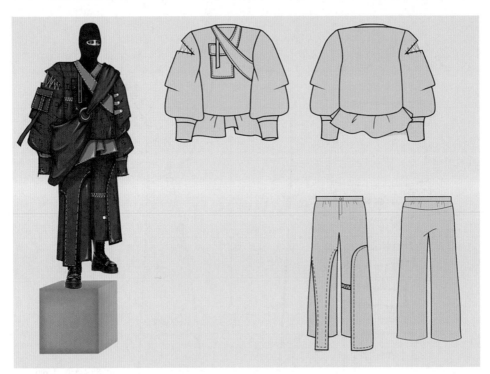

图3-72 创新设计款式二的服装效果图与款式图

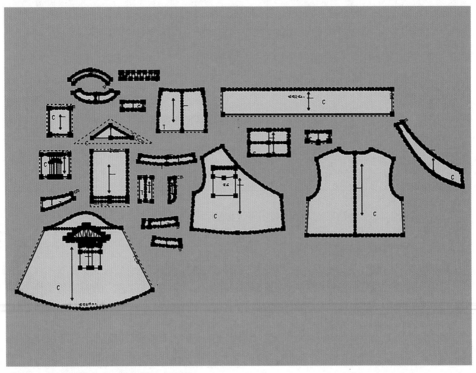

图3-73 创新设计款式二的解构上衣纸样

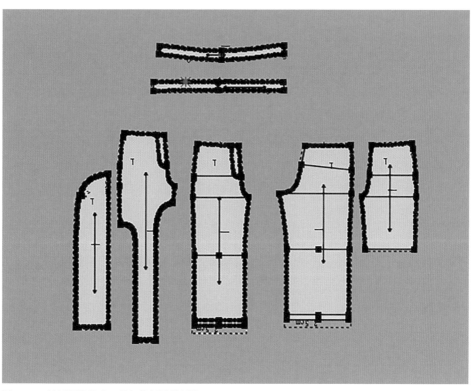

图3-74 创新设计款式二的解构阔腿裤纸样

表3-14 解构上衣规格尺寸数据 单位：cm

部位	衣长	胸围	腰围	臀围	领围	袖长	袖口
尺寸	80	96	94	94	35	70	32

表3-15 解构阔腿裤成品规格尺寸数据 单位：cm

部位	裤长	臀围	腰围	裆深	大腿围	脚口
尺寸	100	120	80	30	74	76

以上是在富怡CADV10.0中绘制的创新纸样图片，如果想进行虚拟试穿，需要保存成DFX格式导入CLO3D虚拟试衣中。该系列其余款式也在第七章实例参考及CAD作品鉴赏纸样中。

四、自主训练

请自主设计一套女装创新设计变化款式，并在富怡V10.0软件中绘制出设计的结构图，完成创新设计变化实践操作内容。

本章小结

■ 服装 CAD 制板是使用服装 CAD 软件来绘制服装样板，本章介绍了富怡 CAD 系统如何制板的详细步骤，其中包括制板要求、号型设置、服装具体结构的设计、产生纸样的技巧，以及相关注意事项。

■ 从原型制板到基础型女衬衫、连衣裙、基础型女西裤，由浅入深，循序渐进地对不同服装样板练习实验。

■ 服装 CAD 纸样创新是在熟悉软件操作后开始训练，本章提出了服装纸样创新设计变化的要求，属于拓展部分。

■ 将具有多次大赛经验的老师设计的系列服装作为参照，针对上衣、裤装、外套等进行样板解析，让学生在拓展设计思维的基础上去灵活应用富怡服装 CAD 软件，从而设计出更具创意的服装纸样。

练习与思考

1. 简述等距线工具、剪刀工具的快捷方式及应用。

2. 简述智能笔在制板过程中的运用技巧。

3. 简述号型编辑的使用步骤。

4. 简述三个主要制板工具的功能特点。

5. 简述服装 CAD 系统提供的制图方法及主要区别。

6. 简述对襟短袖旗袍连衣裙的制板要求。

7. 简述转移工具对省道转移的步骤。

8. 简述服装第八代日本文化式女装原型上衣制板的步骤。

9. 简述第八代日本文化式女装原型上衣的制板过程。

10. 在线上定点，画线。

11. 移动结构线。

第四章
服装CAD放码

课程名称：服装CAD放码

课题内容：富怡CAD软件V10.0版本的放码操作过程

课题时间：6课时

教学目的：使学生了解富怡CAD软件V10.0版本的放码原理和工具栏使用方法，并且能自主完成女衬衫和女裤放码操作

教学方式：教师讲解并示范授课，学生课堂讨论与练习

教学要求：1. 认识服装CAD放码原理与工具栏操作

2. 学会女衬衫CAD放码操作全过程

3. 学会女裤CAD放码操作全过程

课前（后）准备：准备上课时需要用到的女衬衫与女裤CAD样板，提前预习服装CAD放码内容

　　放码，也叫推板、推档，或纸样放缩，是服装工业制板过程中一个必不可少的技术环节，也是一个制板师必须掌握的基本技能，同时要求学生在学习服装 CAD 过程中了解和使用这项操作。在所有的服装 CAD 系统中，放码系统是最早研制成功并得到最广泛应用的子系统，也是最成熟、智能化最高的子系统。从 20 世纪 70 年代研制成功以来，已广泛应用于世界各地的服装企业。放码的基础原则是：以某个样板为中间标准号型，按一定的尺码差异放大或缩小，从而推导出一系列的服装号型样板。放码不仅是服装设计和生产中的重要环节，也是一项烦琐重复的工作。传统的手工放码方式存在许多人为的不确定性，因此也比较容易出错。而使用计算机放码，不仅可以将人们从复杂重复的体力劳动中解放出来，还可以确保样板放码的准确性，从而效率也能成倍提高。

　　服装 CAD 手动放码是先通过大幅面数字化仪，把打板师手工绘制好的标准样板读入计算机内，在计算机上建立原图 1：1 的数字模型，或者在打板系统中直接打制放码基准样板，计算机可自动生成样板的放码基准点，然后通过键盘或系统自身提供的软键盘建立各基准点的放码规则表，或者分别设定各点的放码量，计算机依此自动生成放码规则表，在此基础上即可进行放码。目前，很多服装 CAD 软件不仅支持手动放码，还支持全自动放码，如富怡（Rich Peace）服装 CAD 系统、航天（ARISA）服装 CAD 系统、度卡（DOCAD）服装 CAD 系统、爱科（ECHO）服装 CAD 系统等。服装 CAD 全自动放码则是按照一定的号型档差，建立生成样板所需的各码尺寸表，选择一个打板基准码，然后依据基准码的尺寸生成样板。之后，计算机可根据先前建立的尺寸表自动生成各码的样板，从而完成全自动放码。相对于 CAD 手动放码而言，CAD 全自动放码会更加精确、便捷和智能化，在提高效率的同时也能降低出错的概率。

第一节　富怡服装CAD放码介绍

　　富怡 V10.0 服装 CAD 系统在开样的放码功能采用全新的设计思路，整合了公式法与自由设计，其中最大的特点是联动：包括结构线间联动，纸样与结构线联动调整，【转省】【合并调整】【对称】等工具的联动，调整一个部位，其他相关部位都一起修改，剪口、扣眼、钻孔、省、褶等元素也可联动。在开样放码部分保留原有的服装 CAD 功能，可以加省、转省、加褶等，提供丰富的缝份类型、工艺标识，可自定义各种线型，允许用户建立部件库，如领子、袖口等，使用时直接载入。

　　开样放码功能可以提供多种放码方式，包括自动放码、点放码、方向键放码、规则放码、比例放码、平行放码等。在自动放码中，所有码可同步调整，也可单独调整，包括结构线和纸样也可以进行放码。其中放码部分的扣眼、布纹线、剪口、钻孔等可以直接在结构线上编辑。也提供充绒功能，计算整片或者局部的充绒量，便于羽绒服企业计算用量与成本。同时提供数码输入功能，输入纸样的效率与精度都要远远高于传统的数化板。

一、服装CAD放码概念

服装放码在服装生产企业中，统称放码，也称放档、扩号，是服装工业打板中除切割纸样以外的最后一个环节，是以中间规格标准样板（或基本样板）作为基准，兼顾各个规格或号型系列之间的关系，进行科学计算，正确合理分配尺寸，绘制出各规格或号型系列的裁剪用纸样的方法。服装放码技术可以很好地把握各规格或号型系列变化的规律，使款型结构一致，而且有利于提高打板的速度和质量，使生产和质量管理更科学、规范和易于控制，尽量避免出现差错。

二、服装CAD放码原理

样板放码实际是个和差问题，将母板的各个转折点作为坐标点，在各个坐标点上，采用坐标平移的方法，利用有形和无形尺寸号型之间的档差数放大和缩小，母板的坐标点加档差即为大一个号型；母板的坐标点减档差即为小一个号型，依次确定好各个号型之间的转折点，连点成线即完成放码工作。因为服装放码的实质是相似形平面的面积增减，所以必须建立一个直角坐标系，建立直角坐标系的关键是坐标原点和基准线的选取。坐标轴的选择依据以下原则：一是取直线或曲率小的弧线；二是尽量选取使轮廓点平移档差趋整的原点，简化档差计算，提高效率；三是坐标轴应有利于大曲率轮廓弧线拉开适当距离，尽量避免各档轮廓弧线靠得太近，取直线或曲率小的弧线。目前，除了自动放码外，最常用到的放码方式是点放码和线放码。

其中，在服装放码中必不可少的四点是：

（1）中间码。服装结构设计产生的基础板，该板的尺寸不可变。

（2）档差。指相邻各码的差值，档差是由人体的生长规律决定的。

（3）放码原则。确定基准线，把握其他线条推放的平行关系。

（4）检查。相同纸样、相同部位的档差是否相同，相邻纸样、相同部位的档差是否相同。

三、CAD放码工具栏介绍

富怡服装CAD系统的打板与放码模块是集合组成在一个板面里的。在完成纸样设计后，可以直接通过点放码或者线放码表进行放码，或利用放码工具栏中的命令按钮执行特定的放码操作。本节将对富怡服装CAD系统的放码工具进行介绍，如图4-1所示。

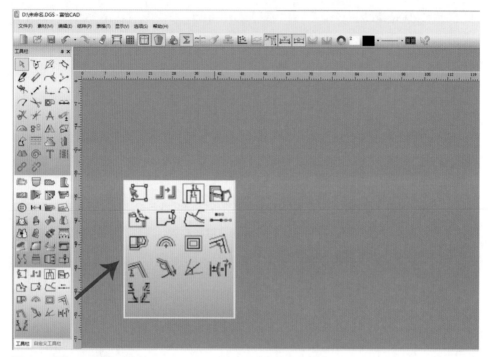

图4-1　富怡CAD放码工具

1. ▨【选择】 ▨【选择】工具主要的功能是选中纸样、选中纸样边线上的点、选中辅助线上的点和修改点的属性。点击 ▨【选择】工具之后，左键点击放码点时右边会出现属性窗口，可以通过选择点的类型来修改点的属性，最后点击采用完成修改，如图4-2所示。

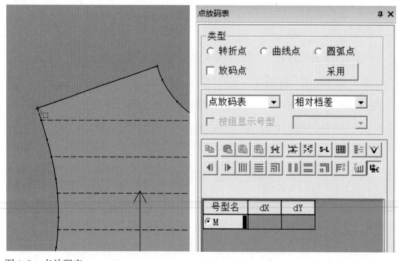

图4-2　点放码表

一般情况下，选中单点放码只需要左键单击或是左键框选，如需选中多个点放码则需要按住［CTRL］键进行操作，取消选中点时需要按［ESC］键或用该工具在空白处单击。例如，在实际操作中需要选中纸样，那么用该工具在纸样上单击即可，如果要同时选中多个纸样，只要框选不同纸样中任意一个放码点即可。

其中还有一个特别功能，是能够同时移动多个纸样。使用 【选择】工具框选所需要的纸样，并按下空格键即可移动多个或全部纸样进行批量操作，如图4-3所示。值得注意的是，使用【选择】工具在点上击右键，那么该点会在放码点与非放码点间切换，如果只在转折点与曲线点之间切换，可使用［SHIFT］键加右键。

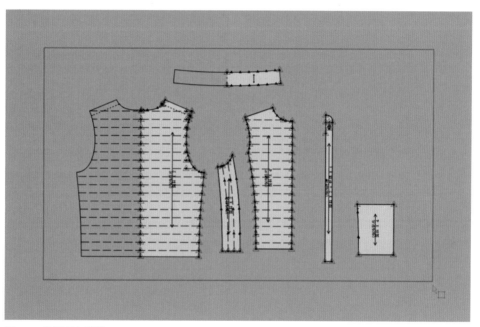

图4-3　选择多个纸样

2. ♪↓【拷贝放码量】 ♪↓【拷贝放码量】工具主要的功能是拷贝放码点、剪口点、交叉点的放码量到其他的放码点上。点击 ♪↓【拷贝放码量】工具之后，在右边会出现【工具属性栏】，可以选择拷贝放码点不同方向的放码量，如图4-4所示。

图4-4　拷贝放码量工具属性栏

一般情况下使用较多的是，单个放码点的拷贝和多个放码点的拷贝。首先，单个放码点的拷贝是使用【拷贝放码量】工具，在有放码量的放码点上单击，再单击未放码的放码点，放码量会自动进行拷贝，如图4-5、图4-6所示的操作过程。

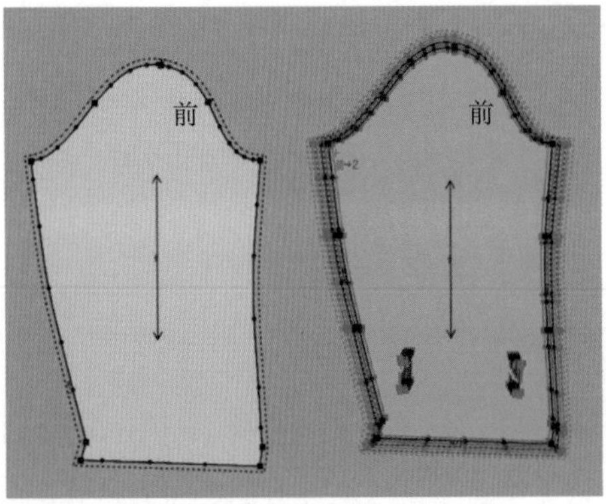

图4-5　拷贝放码量步骤1

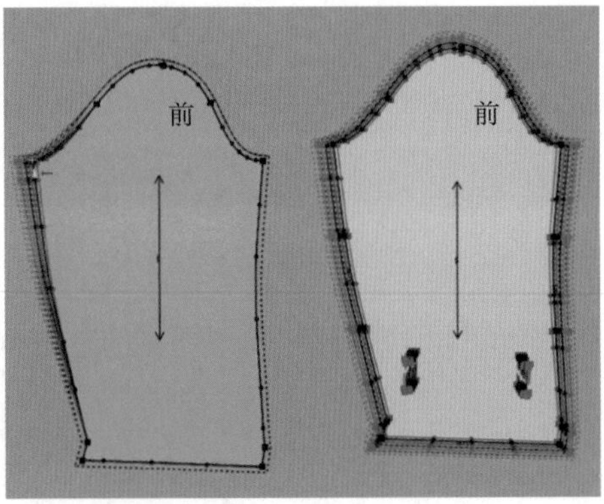

图4-6　拷贝放码量步骤2

另外，多个放码点的拷贝是使用【拷贝放码量】工具，在有放码量的纸样上进行框选或拖选，再对未放码的纸样进行框选或拖选，放码量会自动进行拷贝，操作过程如图4-7、图4-8所示。特别需要注意的是在使用左键框选完后，要按右键结束才能进行下一步操作。

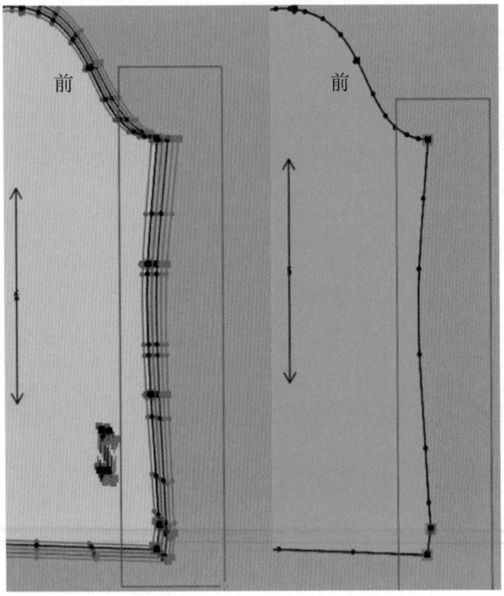

图4-7　多点拷贝放码1

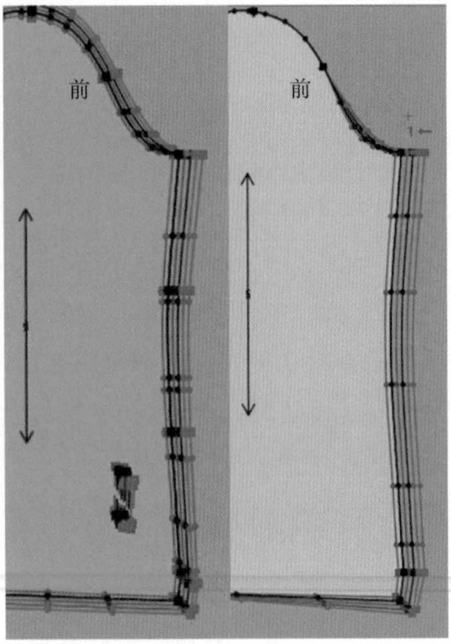

图4-8　多点拷贝放码2

其次，还能把相同的放码量，连续拷贝到多个放码点上。点击【工具属性栏】中的【粘贴多次】（图4-9），用  【拷贝放码量】工具在有放码量的纸样上进行点击、框选或拖选，再对未放码的纸样进行点击、框选或拖选，放码量会自动进行多次粘贴，操作过程如图4-10、图4-11所示。如果不选择【粘贴多次】，则默认只粘贴一次。

图4-9 拷贝放码量工具属性栏

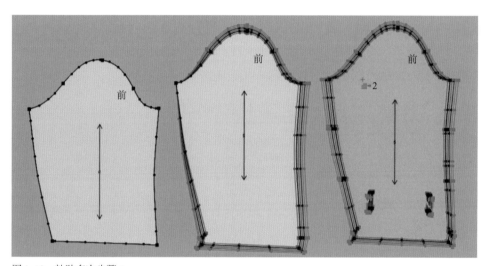

图4-10 粘贴多次步骤1

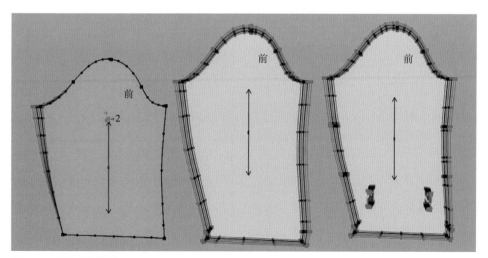

图4-11 粘贴多次步骤2

3. 🔲【平行放码】 🔲【平行放码】工具主要的功能是对纸样边线、纸样辅助线平行放码。其中最常用于文胸纸样的放码。点击 🔲【平行放码】工具后，左键单击或框选所需要平行放码的线段，会自动弹出【平行放码】对话框，输入所需各线各码平行线间的距离，最后点击【确定】完成操作，操作过程如图4-12、图4-13所示。

4. 📇【辅助线平行放码】 📇【辅助线平行放码】工具主要的功能是针对纸样辅助线（内部线）进行放码，使辅助线与边线放码同步。使用 📇【辅助线平行放码】工具后，内部线各码间会平行且与边线相交。通常情况下，先使用左键单击或框选纸样上的辅助线，再使用左键单击纸样上的边线，辅助线会随着边线自动放码，操作过程如图4-14～图4-17所示。

5. 📇【平行交点】 📇【平行交点】工具主要的功能是用于纸样边线的交点平行放码。使用 📇【平行交点】工具后与其相交的两边分别平行，主要针对两条线平行放码，经常被用于西服领口的放码。点击 📇【平行交点】工具后直接点击需要平行放码的交点，即可自动平行，操作过程如图4-18、图4-19所示。

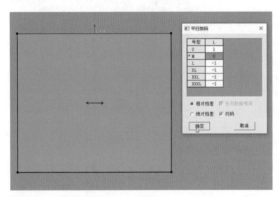

图4-12　平行放码步骤1

图4-13　平行放码步骤2

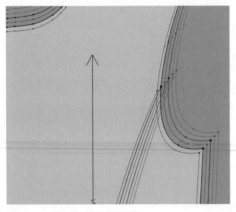

图4-14　辅助线平行放码步骤1

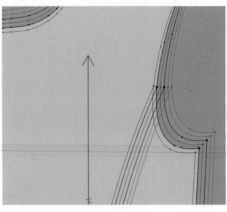

图4-15　辅助线平行放码步骤2

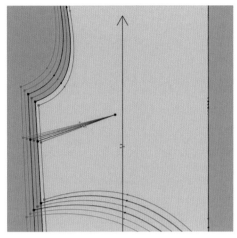

图 4-16　辅助线平行放码步骤 3

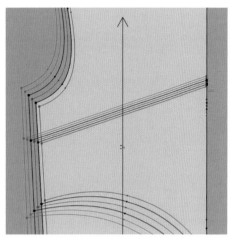

图 4-17　辅助线平行放码步骤 4

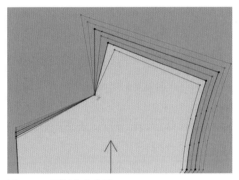

图 4-18　平行交点步骤 1

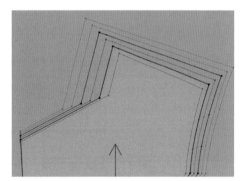

图 4-19　平行交点步骤 2

6. □░【肩斜线放码】　□░【肩斜线放码】工具主要的功能是使各码不平行肩斜线平行，能按照肩宽实际值实现放码。通常情况下，使用 □░【肩斜线放码】工具分别单击中线的两点，按照由下往上的顺序单击，再单击肩点，会出现绿色的参考点与参考线，同时弹出"肩斜线放码"对话框，输入合适的数值，并选择需要的选项，最后点击确定完成操作，操作过程如图 4-20～图 4-23 所示。

7. ◟◞【辅助线放码】　◟◞【辅助线放码】工具主要的功能是相交在纸样边线上的辅助线端点按照到边线指定点的长度来放码。其同样是针对辅助线使用的工具，特点是可以自动调节距离，保持固定的长度。一般情况下，使用 ◟◞【辅助线放码】工具在辅助线端点处单击，在右边会出现工具属性栏，在其中输入合适的数据，选择所需要的选项，点击应用完成操作，操作过程如图 4-24～图 4-26 所示。

8. ▬▬【点随线段放码】　▬▬【点随线段放码】工具主要的功能是根据两点的放码比例对指定点放码，可以用于宠物衣服的放码。点击 ▬▬【点随线段放码】工具后，

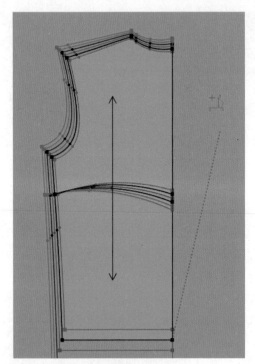

图4-20　肩斜线放码步骤1

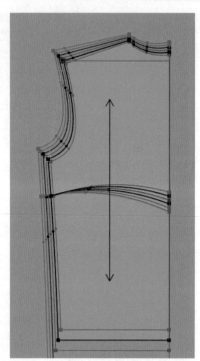

图4-21　肩斜线放码步骤2

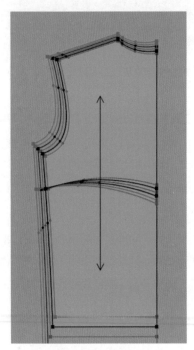

图4-22　肩斜线放码步骤3

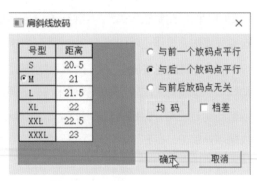

图4-23　肩斜线放码工具属性栏

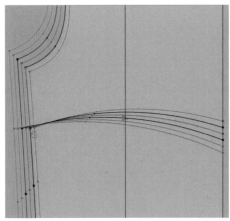

图 4-24 辅助线放码步骤 1　　　　　　　图 4-25 辅助线放码步骤 2

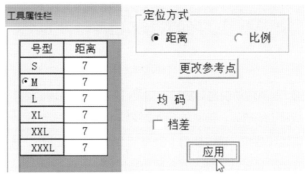

图 4-26 辅助线放码工具属性栏

首先分别单击已放码纸样上的点，再框选需要放码的点，即可自动根据所需比例进行自动放码，操作过程如图 4-27、图 4-28 所示。

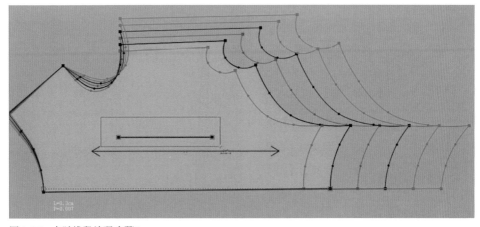

图 4-27 点随线段放码步骤 1

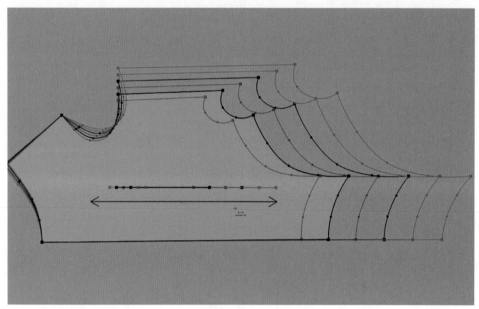

图 4-28   点随线段放码步骤 2

9. ▣⯈【设置/取消辅助线自动放码】   ▣⯈【设置/取消辅助线自动放码】工具主要的功能是辅助线随边线放码、辅助线不随边线放码。

如需辅助线随边线放码，可以使用 ［SHIFT］键把光标切换成 ⁺🔺，用该工具框选或单击辅助线的中部，辅助线的两端都会随边线放码；如果框选或单击辅助线的一端，只有选中的一端会随边线放码。如辅助线不随边线放码，可以使用 ［SHIFT］键把光标切换成 ⁺🔺，用该工具框选或单击辅助线的中部，再对边线点放码或修改放码量，辅助线的两端都不会随边线放码，如果框选或单击辅助线的一端，再对边线点放码或修改放码量，只有选中的一端不会随边线放码。图 4-29~图 4-31 是辅助线不随边线放码的操作过程。

10. 🌈【圆弧放码】   🌈【圆弧放码】工具主要的功能是对圆弧的角度、半径、弧长进行放码。使用 🌈【圆弧放码】工具单击圆弧后，会弹出【圆弧放码】对话框，输入所需的数据后，点击【确定】完成操作，如图 4-32、

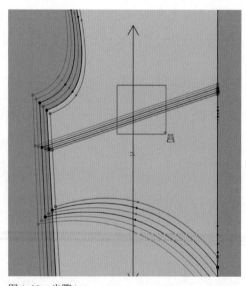

图 4-29   步骤 1

图4-33所示的操作过程。其中必须要注意的是，只有使用工具栏中 【三点弧线】和【CSE圆弧】工具画的弧线才能使用【圆弧放码】工具进行放码。

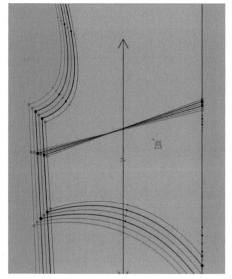

图4-30　步骤2

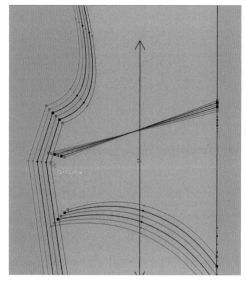

图4-31　步骤3

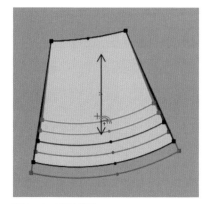

图4-32　圆弧放码

图4-33　圆弧放码工具属性

11. 【比例放码】　　【比例放码】工具主要的功能是输入整个纸样在水平和垂直方向的档差，即可实现对纸样边线、内部线等的自动放码，该工具常常用于床上用品的放码。通常情况下，点击 【比例放码】工具选中需要放码的纸样，左键选中右键确认后，会弹出【比例放码】对话框，在号型编辑中设置好号型，如果各码的档差不同，在对话框内分别输入各码档差的尺寸，选中所需的选项后，点击确定完成操作，纸样即可按照输入档差放码；如果各码档差相同，在紧邻基码的号型中输入档差，选中所需的选项后，点击均码和确定完成操作，纸样即可按照输入档差放码，如图4-34~图4-36所示的操作过程。◫【比例放码】工具可以不放边线，如果只需要处理辅助线、圆、字符串、扣位、扣眼、钻孔，勾选【边线放码】可使边线按照指定档差进行放码。

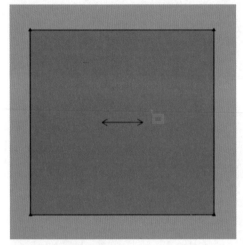

图4-34　比例放码步骤1

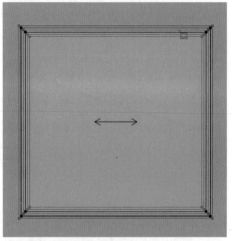

图4-35　比例放码步骤2

12. ◤【等角度放码】 ◤【等角度放码】工具主要的功能是调整角的放码量使各码的角度相等。可用于调整后裆部及领角。使用 ◤【等角度放码】工具单击需要调整的角（点）即可完成操作。如图4-37、图4-38所示的操作过程。

13. ◤【等角度】 ◤【等角度】工具主要的功能是调整角一边的放码点使各码角度相等，操作过程如图4-39、图4-40所示。

14. ◤【等角度边线延长】 ◤【等角度边线延长】工具主要的功能是延长角度一边的线长，使各码角度相同。

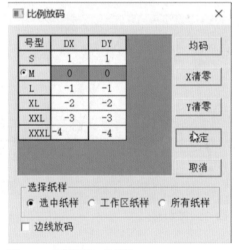

号型	DX	DY
S	1	1
⊙M	0	0
L	-1	-1
XL	-2	-2
XXL	-3	-3
XXXL	-4	-4

均码　X清零　Y清零　确定　取消

选择纸样
⊙ 选中纸样　○ 工作区纸样　○ 所有纸样
□ 边线放码

图4-36　比例放码工具属性

15. ◣【旋转角度放码】 ◣【旋转角度放码】工具主要的功能是可用于同时对肩等部位的角度与长度放码，也可以对侧袋等同时进行距离与长度的放码。

（1）点击需要放码的点，点击旋转中心点。

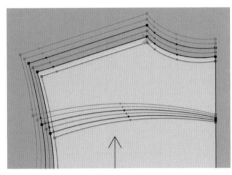

图4-37　等角度放码步骤1

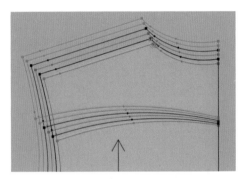

图4-38　等角度放码步骤2

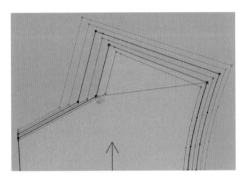

图4-39　等角度步骤1

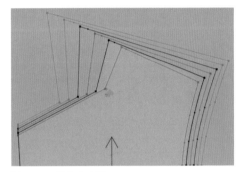

图4-40　等角度步骤2

（2）输入角度及长度档差，也可单独输入其中一个角度或长度。

距离与长度的操作：

（1）点击需要放码的点，点击旋转中心点。

（2）输入距离及长度，也可单独输入距离或长度。

16.　┝(┤↑【对应线长】　┝(┤↑【对应线长】工具主要的功能是用多个放好码的线段之和（或差）来对单个点来放码。

17.　┋↗【合并曲线放码】　┋↗【合并曲线放码】工具主要的功能是用于纸样分割完后，通过曲线顺滑分割位置放码点。首先在分割后的纸样上，将同一条线段中的上一个点及下一个点进行放码，并按顺序点击需要合并的线段，数字"0"，数字"2"为参考合并线段数值，使数字"1"两端顺滑分割位置（两个数字相同为合并位置），如果还有其他需要合并的可以继续单击。最后按顺序选中后，右键结束完成操作，如图4-41～图4-44所示的操作过程。

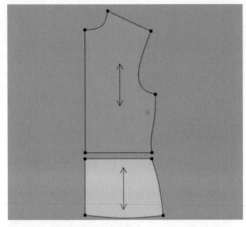

图 4-41 合并曲线放码步骤 1

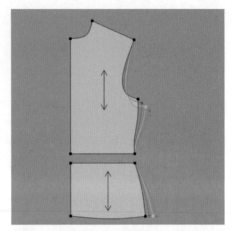

图 4-42 合并曲线放码步骤 2

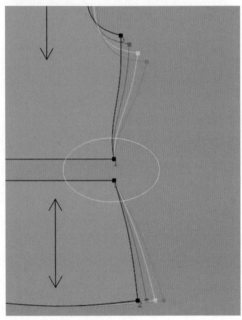

图 4-43 合并曲线放码步骤 3

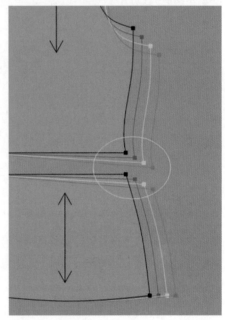

图 4-44 合并曲线放码步骤 4

第二节 女衬衫CAD放码

上节已经对富怡 V10.0 服装 CAD 系统的放码模块进行了初步介绍。为了更好地使用其中的工具，本节将以女衬衫为例进行放码操作流程的演示。

一、打开文件

如图4-45所示，单击工具栏中的【打开】，弹出打开对话框，查找需要放码的女衬衫文件，单击文件名，单击【打开】，或直接双击文件名打开纸样文件。

图4-45　打开文件

二、号型编辑

单击系统菜单【号型】中的【号型编辑】，弹出【号型编辑】对话框。【号型编辑】对话框表格基码两侧的空白列的第一行（号型名行）每单击一次，系统会自动增加一个号型列。本例中，在基码的左侧增加一列，在基码的右侧增加三列，并在号型行输入所增加号型的名称，如155/80A、165/88A、170/92A、175/96A。再分别单击各列号型行右侧的颜色框，系统会弹出颜色选择对话框，为各个号型设置好颜色，方便在放码过程中对各个号型进行观察，如图4-46所示。

三、放码操作要求

单击快捷工具栏中的【显示结构线】工具，使其处于弹起状态，使纸样的结构线隐藏起来。单击【显示样片】工具，使其处于按下状态以显示纸样。按［F7］键来隐藏纸样的缝份线。如果纸样工作区中没有纸样，可以点击纸样列表框中的纸样，所选纸样便会出现在工作区中。单击【点放码表】图标，系统弹出【点放码表】对话窗口，按下【自动判断放码量正负】按钮。并选择【号型显示方式选择下拉列表框】为【相对档差】状态。

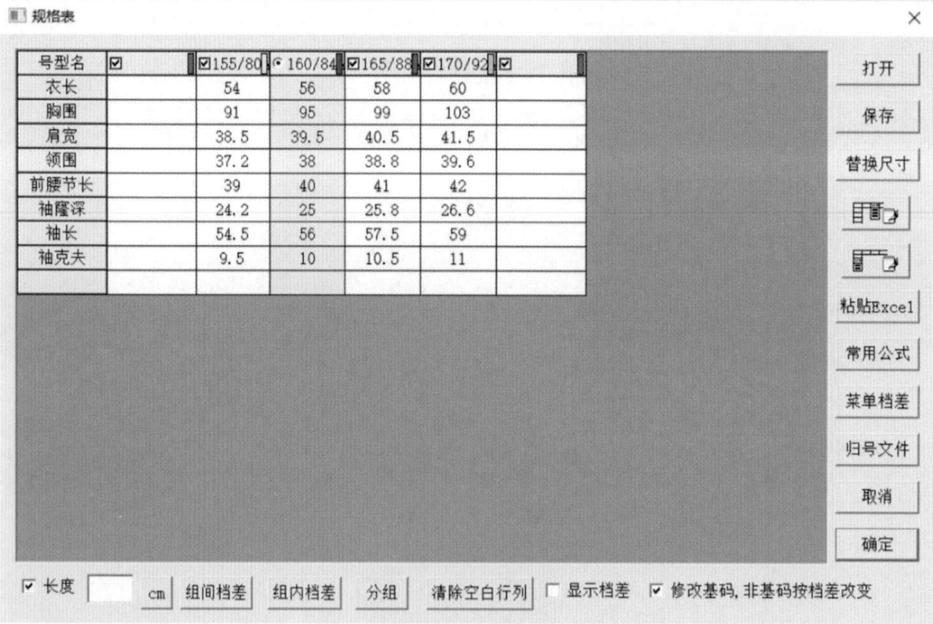

号型名 ☑	☑155/80	⦿160/84	☑165/88	☑170/92 ☑	
衣长	54	56	58	60	
胸围	91	95	99	103	
肩宽	38.5	39.5	40.5	41.5	
领围	37.2	38	38.8	39.6	
前腰节长	39	40	41	42	
袖窿深	24.2	25	25.8	26.6	
袖长	54.5	56	57.5	59	
袖克夫	9.5	10	10.5	11	

打开　保存　替换尺寸　粘贴Excel　常用公式　菜单档差　归号文件　取消　确定

☑ 长度　　　cm　组间档差　组内档差　分组　清除空白行列　☐ 显示档差　☑ 修改基码，非基码按档差改变

图 4-46　号型编辑

四、不同部位放码

按下［F7］快捷键，将缝份进行隐藏，再按下［CTRL+F］快捷键，将放码点显现，如图 4-47 所示。同时确定关键放码点，对非放码点进行删减，其中关键放码点包括领窝点、肩颈点、颈窝点、肩点、腋下点、腰节点、下摆角点、下摆后中点、腰省尖点、胸省尖点、袖山高点、袖口点等，如图 4-48 红圈所示，并标示出其对应的放码量。

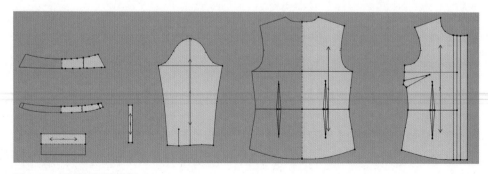

图 4-47　女衬衫基础结构图

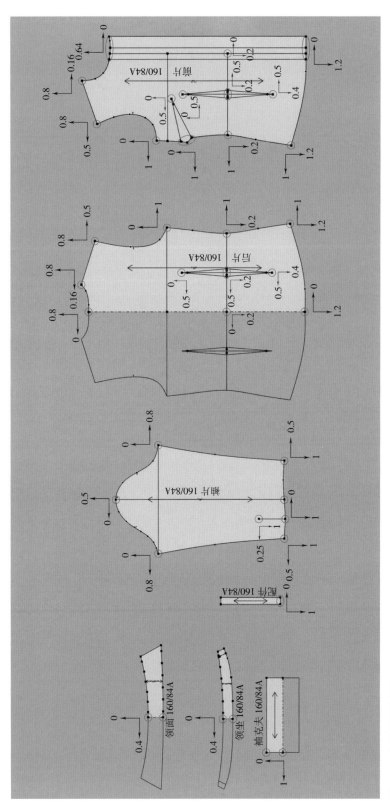

图 4—48 女衬衫放码点图

图4-49为女衬衫最终放码图。

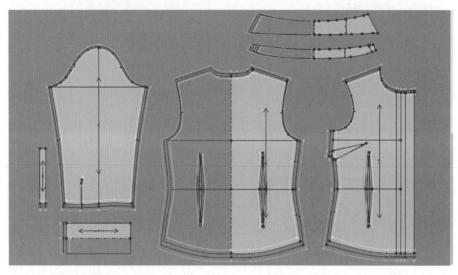

图4-49　女衬衫放码图

五、放码技巧及注意事项

在放码的过程中，没有固定的放码顺序，可根据自身的习惯进行操作。注意不同部位的放码量和方向都不是一致的，需根据要求进行调整。最后需要使用 🖳【肩斜线放码】工具对肩斜度进行调整，袖窿、领窝弧线和下摆弧线也需要进行修整，如图4-50、图4-51所示。

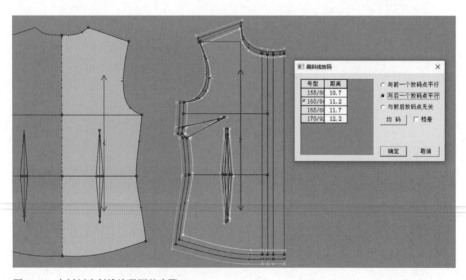

图4-50　女衬衫肩斜线放码调整步骤1

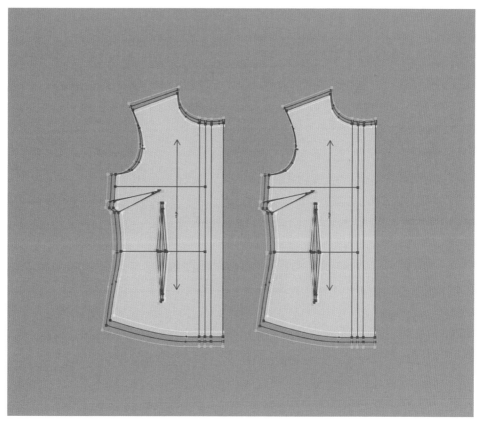

图4-51　女衬衫肩斜线放码调整步骤2

六、自主训练

完成一件女衬衫放码，推出四个码。

第三节　女裤CAD放码

为了更好地使用富怡V10.0服装CAD系统中的工具，本节将以女裤为例进行放码操作流程的演示。

一、打开文件

单击工具栏中的【打开】，弹出【打开】对话框，查找需要放码的女裤文件，单击文件名，单击【打开】，或直接双击文件名，打开纸样文件，如图4-52所示。

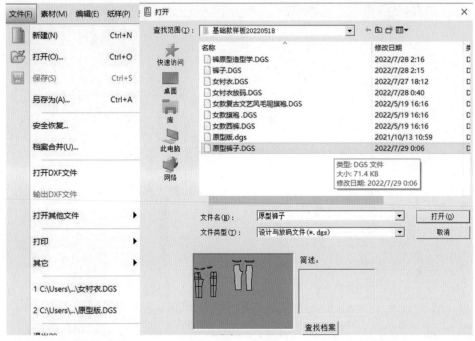

图4-52 打开女裤文件

二、号型编辑

单击系统菜单【号型】中的【号型编辑】，弹出【号型编辑】对话框。该女裤纸样基码为M，增加号型并在号型行输入所增加号型的名称，如S、M、L、XL。再分别单击各列号型行右侧的颜色框，为各个号型设置好颜色，方便在放码过程中对各个号型进行观察，如图4-53所示。

三、放码操作

单击快捷工具栏中的【显示结构线】工具，使其处于弹起状态，使纸样的结构线隐藏起来。单击【显示样片】工具，使其处于按下状态以显示纸样。按 [F7] 键隐藏纸样的缝份线。如果纸样工作区中没有纸样，可以点击纸样列表框中的纸样，所选纸样便会出现在工作区中。单击【点放码表】图标，系统弹出【点放码表】对话窗口，按下【自动判断放码量正负】按钮。并选择【号型显示方式选择下拉列表框】为【相对档差】状态。

四、不同部位放码

按下 [F7] 快捷键，将缝份进行隐藏，再按下 [CTRL+F] 快捷键，将放码点显

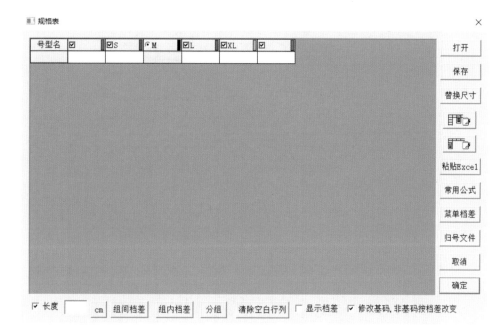

图4-53　号型编辑

现，如图4-54所示。同时确定关键放码点，对非放码点进行删减，其中关键放码点包括裤腰点、腰口中点、臀围点、裤裆点、省尖点、省端点、脚口点等，如图4-55红圈所示，并标示出其对应的放码量。图4-56为女裤最终放码图。

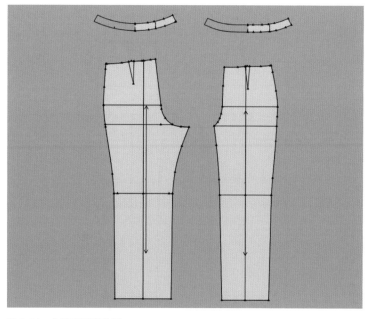

图4-54　女裤基础结构图

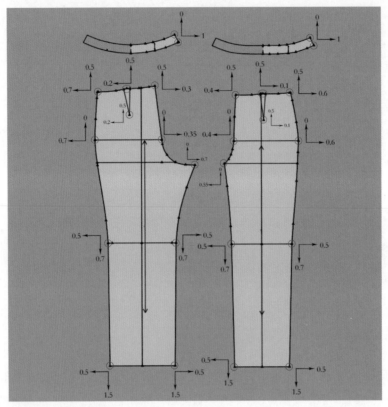

图4-55 女裤放码点图

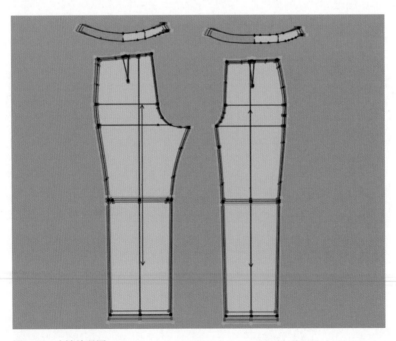

图4-56 女裤放码图

五、基本放码技巧及注意事项

在放码的过程中，没有固定的放码顺序，可根据自身的习惯进行操作。注意不同部位的放码量和方向都不是一致的，需根据要求进行调整。

六、自主训练

完成一条女裤放码，推出四个码。

本章小结

■ 放码是服装在工业制板过程中一个必不可少的技术环节，也是一个打板师必须掌握的基本技能。

■ 随着观念更新和技术发展，在服装 CAD 软件中也不断推出档比放码、自动比例放码、自动放码等功能，使放码过程快速、准确、灵活。借助数据库技术，使历史资料的整理更简易，能更好地适应现代服装的小批量、多品种的发展趋势。

■ 采用放码技术可以很好地把握各规格或号型系列变化的规律，使款型结构一致，而且有利于提高打板的速度和质量，使生产和质量管理更科学、规范和易于控制，尽量避免出现差错。

■ 对衬衫、裤子进行放码训练，可有针对性地熟练运用放码工具，掌握放码要求和不同放码部位的放码规则及注意事项。

练习与思考

1. 简述服装 CAD 的放码原理。

2. 如何分析和确认放码点？

3. 在进行放码操作时需要注意什么？

第五章
服装CAD排料

课程名称：服装CAD排料

课题内容：富怡CAD软件V10.0版本的排料操作过程

课题时间：6课时

教学目的：了解服装CAD排料的基础操作界面及系统功能操作后完成女衬衫排料

教学方式：教师讲解并进行示范操作，学生课上实践结合课后练习

教学要求：1. 清晰地了解并掌握排料系统的功能分布、排料各个工具匣与主、辅唛架
　　　　　　 区的作用

　　　　　 2. 了解排料参数的具体设定，掌握人机交互排料，最大程度地提高用料率

　　　　　 3. 熟练掌握绘制1：1排料图的操作技巧及排料文件如何进行导出/导入

课前（后）准备：安装完成富怡CAD软件V10.0版本的排料系统，准备课程中所需
　　　　　　　　 的女衬衫样板，对服装排料有初步的认知

在服装 CAD 中排料又称排唛架，一般采用人机交互排料和计算机自动排料两种方法。排料对任何一家服装企业来说都是非常重要的，会直接影响生产成本，也会进而对盈利的高低产生影响。一般在排料完成后，才能开始裁剪、加工服装。在排料过程中需要权衡用于排料的时间与可以接受的排料率之间的关系。服装 CAD 的优点在于能够对面料的用料进行随时监控，能够随时随地地观看到所有排料衣片的相关信息。如此一来，服装板师则不必再用传统的方式在纸上描绘样板，节省了大量的时间和精力。许多系统都提供自动排料功能，这使服装设计师可以很快估算出一件服装的面料用量。由于面料用量是服装加工初期成本的一部分，因此在对服装外观影响最小的前提下，制板师经常会对服装样板进行适当的修改和调整以降低面料消耗量。裙子就是一个很好的例子，如三片裙在排料方面就比两片裙更加紧凑，从而可以提高面料使用率。

无论服装企业是否拥有自动裁床，排料过程都包含许多技术和经验。我们可以尝试多次自动排料。但机器的排板仍然会存在误差。计算机系统成功的关键在于它可以使用户试验样片各种不同的排列方式，并记录下各阶段的排料结果，再通过多次尝试能够得出可以接受的材料利用率。由于这一过程通常在一台终端上就可以完成，与纯手工相比，它占用的工作空间很小，所需要的时间也较短。

本章主要以富怡 CADV10.0 版本的排料系统为主，第一节通过介绍排料的基本概念及规则，为排料系统操作提供理论基础；第二节较为全面地介绍了排料系统的主要界面，介绍主要的操作工具进而提升排料时的操作效率；第三节对排料系统的功能与实操进行了简单的介绍，并阐述了排料中的快捷操作；第四节以女士衬衫为操作对象进行了详尽的步骤展示。整个章节提供了较为全面的理论知识与案例操作，可及时将所学的理论应用在实践操作中。

第一节　服装CAD排料简介

排料是服装设计和技术人员必须具备的技能，因为科学地选择和运用材料已成为现代服装设计与生产的首要条件，尤其是对于从事产品设计或生产管理的人员来说，只有掌握科学的排料知识，了解面料的塑性特点；理解服装的生产工艺；了解服装的质量检测标准；才能够根据服装的设计及生产要求做出准确的、合理的、科学的管理决策。

一、服装CAD排料概念

在面料的裁剪过程中，对面料如何使用、用料多少进行有计划的工艺操作，称为排料。服装排料具体操作就是将服装打板后形成的服装样板在固定大小的面料幅宽中以最节省面料的原则进行合理科学地排列，以求面料的利用率能达到最高，能够以最经济的方式节省面料、降低成本。但在合理排列的同时要注意纸样的工艺需求，尤其是纸样的正反面、倒顺向等。排料是进行铺料和裁剪的前提。通过排料，可知道用料的准确长度和样板的精确摆放次序，使铺料和裁剪有所依据。所以，排料工作对面料的消耗、裁剪的难易、服装的质量都有直接的影响，是一项技术性很强的工艺操作。

但随着科技的发展，采用计算机进行服装排料的方式也越来越受到大众认可。计算机排料的方式有两种：一是交互排料，二是自动排料。在交互排料的操作模式下，纸样调入排料系统并进行排校设定后，即可进行排料。排料时，只需用鼠标将纸样从待排区拖放到排料区，放到合适的位置即可。在排料过程中，可对纸样进行移动、旋转等调整。交互式排料完全模拟了手工排料过程，充分发挥了排板师的智慧和经验。同时，由于是在屏幕上排板，纸样的位置可随意调整却不留痕迹，非常方便灵活。屏幕上一直显示的用布率为排板方案优劣的比较提供了准确的依据，可随时选择需要显示的排料区，避免了排板师在几十米长的裁台前面往来奔波，从而大大缩短了排板时间，提高了工作效率。

在自动排料的操作模式下，排板师完成了待排纸样的编辑，并进行了排板设定后，不需要再进行干预。在程序的控制下，计算机自动从代排区调取纸样，逐一在排料区进行优化排放，直到纸样全部排放完毕。通常情况下不同的优化方案，可得到不同的排料结果。由于纸样数量众多，且形状复杂多变，排板的可选方案非常多。再加上相比于交互式排料，全自动排料无法进行纸样的合理重叠与布纹的适度偏斜等人工干预。因此，自动排料通常只用于布料估算或用料参考，实际操作过程中主要采用交互排料。也正是这个原因，研发超级排料系统或者智能排料系统已成为所有服装 CAD 软件近年来完善与升级的重点。

二、服装 CAD 排料规则

服装 CAD 排料的过程中存在一些不得不遵守的规则，如正反一致、方向一致、大小主次、形状相对、毛绒面料倒顺毛及色差就近等多种排料规则。由于排料系统的准确性，在操作过程中要尽量遵守这些规则，才能保证在排料过程中不会产生错误与误差。

1. **正反一致规则**　通常打板后的样衣衣片是标注出正反面的，因此在排料时要保持面料正反面一致，衣片要有对称性，避免出现"一顺"现象，否则会需要返工耽误进程。

2. **方向一致规则**　面料有经纬纱向之分，在制作服装时，面料经向、纬向、斜向都有各自独特的性能，关系到服装的结构及表面的造型，排料不能随意放置。一般样板上所标出的经纬方向与面料的经纬方向一致。用直纱的衣片，使样板长度方向与面料经纱平行；使用纬纱的衣片，使其长度方向与面料的纬纱平行；而使用斜纱的衣片，则根据要求将样板倾斜一定角度。为了节约用料，在某些情况下，原样板经纬向也可略有偏斜，如中低档产品或无花纹的素色面料，为降低成本，在不影响使用质量的情况下，经纬向允许略有偏斜，偏斜程度应有规定。

3. **大小主次规则**　服装类的样板由于衣身不同，大小一般相差比较悬殊，一般按"先大后小，先主后次"的规则排料，即从材料的一端开始，先排大片、后排小片，先排主片、后排次片，零星部件"见缝插针"，最大程度地节省面料。

4. **形状相对规则**　排料时，由于样板的边线各不相同，因此在满足上述规则的前提下，排料时最好将样板的直边对直边、斜边对斜边、凸起的地方与凹陷的地方相契合，这样样板相互间才能靠紧套排，减少缝隙。同时有的样板有缺口，但缺口太小放不下其他部件，造成面料的浪费。这时可以将两张样板中有缺口的地方合并到一起，增加样板之间的空隙来摆放小的样板。

5. **毛绒面料倒顺毛原则**　当产品使用毛绒的面料时，要注意这时样板的摆放方向要一致，不能将首尾相换，由于毛绒面料存在绒毛的倒顺方向，不同方向的毛绒色泽和手感都各不相同，毛绒面料倒毛时毛发的光泽较暗，使面料看起来较为陈旧；反过来顺毛时毛发光亮油滑，服装看起来则显得崭新。因此样板的摆放方向应按照倒毛的方向摆放。除此以外，值得一提的是，当使用风景人物图案时也要注意样板的摆放方向一致，避免图案倒置。

6. **色差就近原则**　由于技术原因面料中会存在一定色差，同一块面料不同部位的颜色可能会出现较为明显的色差，为了避免这一问题，同一件服装的样板尽量就近排在一起，减少色差带来的问题。

第二节　服装CAD排料系统界面介绍

排料系统的工作界面包括【菜单栏】【主工具匣】【纸样窗】【尺码列表框】【唛架工具匣】【主唛架区】【状态栏】等，如图5-1所示。

一、菜单及工具匣

【菜单栏】是由标题下的9组菜单组成，如图5-2所示。下面将会对常用的命令进行介绍，方便大家运用。

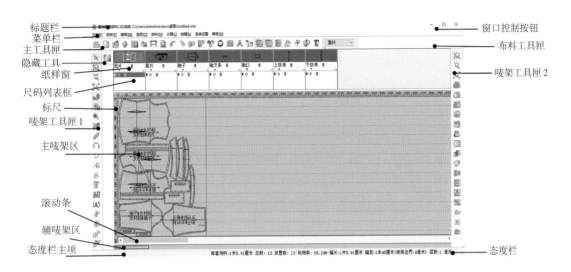

图5-1　排料系统界面

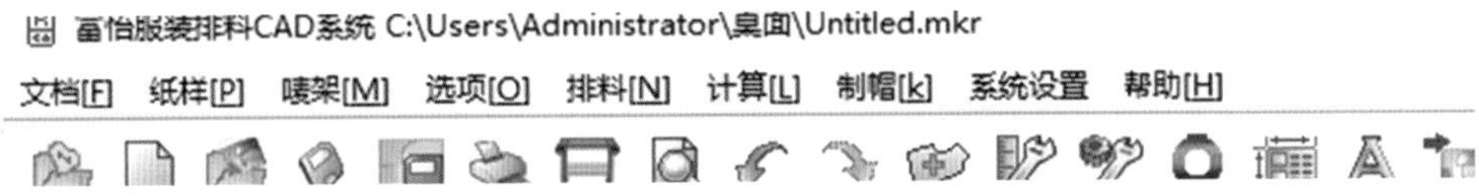

图5-2　菜单栏

菜单栏中包括【文档】【纸样】【唛架】【选项】【排料】【计算】【制帽】及基础的【系统设置】和【帮助】。当左键单击每一个选项的时候就会出现下拉菜单，其快捷方式是同时按下［ALT］键与括号内的字母，则会弹出子菜单。熟记快捷键会大大提高排料时的工作效率，而在排板系统里的工具匣则主要分为【主工具匣】【隐藏工具匣】【布料工具匣】【超排工具匣】与【唛架工具匣】。

1.【主工具匣】【主工具匣】主要位于【菜单栏】的下方，如图5-3所示。【主工具匣】中主要有【打开款式文件】【新建】【打开】【保存】【打印】等基础工具，还包括【存本床唛架】【参数设定】【定义唛架】【参考唛架】【纸样资料】等具有特殊性的快捷工具，能够极大程度地减轻排料中的操作难度。下面将部分工具进行详细描述。

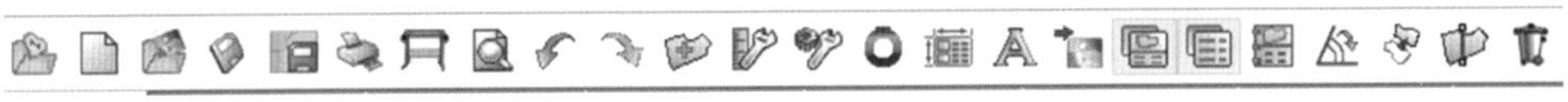

图5-3　主工具匣

（1）【存本床唛架】。在排唛时，分别将面料排在几个唛架上，这时运用【存本床唛架】命令。可以将新唛架进行存储。

（2）【绘图】。该工具可绘制1：1唛架。但是只有直接与计算机串行口或并行口相连的绘图机或在网络上选择带有绘图机的计算机才能绘制文件。

（3）📷【打印预览】。【打印预览】命令则是展现出需要打印的内容及其展现在纸张上的效果。

（4）📑【增加样片】。【增加样片】工具可以增加或减少选中的纸样，可以只增加或减少一个码纸样的数量，也可以增加或减少所有码纸样的数量。

（5）📝【单位选择】。该工具可以用来设定唛架的单位。

（6）🖌【参数设定】。该命令包括系统一些命令的默认设置。它由【排料参数】【纸样参数】【显示参数】【绘图打印】及【档案目录】5个选项卡组成。

（7）⊙【颜色设定】。该功能可以为本系统的界面、纸样的各尺码和不同的套数等分别指定颜色，方便进行区分。

（8）📋【定义唛架】。该命令可设置唛架的宽度、长度、层数、面料模式及布边。

（9）🅰【字体设定】。该命令可为唛架显示、打印、绘图等分别指定字体。

（10）📋【参考唛架】。该命令可打开一个已经排列好的唛架作为参考，方便初学者进行学习。

（11）📋【尺码列表框】。【尺码列表框】主要用于打开或关闭尺码表。

（12）📋【纸样资料】。可用该工具对唛架上选中的纸样进行水平翻转。

（13）⟁【旋转纸样】。可对所选纸样进行任意角度旋转，还可复制其旋转纸样，生成新纸样，添加到纸样窗内。

（14）✋【翻转纸样】。该工具用于将选中的纸样进行翻转。若所选纸样尚未排放到唛架上，则可对该纸样进行直接翻转，可以不复制该纸样，若所选纸样已排放到唛架上，则只能对其进行翻转复制，生成相应新纸样，并将其添加到纸样窗内。

（15）📦【分割纸样】。将所选纸样按需要进行水平或垂直分割。在排料时，为了节约布料，在不影响款式式样的情况下，可将纸样剪开，分开排放在唛架上，最大程度地节省面料。

2.【隐藏工具匣】【隐藏工具匣】又称为自定义工具栏，可以根据自己的习惯操作将一些快捷方式放入此栏中。从左至右依次是【向上】【向下】【向左】【向右】的滑动快捷键，【快速清除选中】【四项取整】【开关标尺】【合并】【关开本系统】【上下文帮助】【缩小显示】【辅唛架缩小显示】【逆时针90°旋转】【180°旋转】【边点旋转】及【中点旋转】，如图5-4所示。

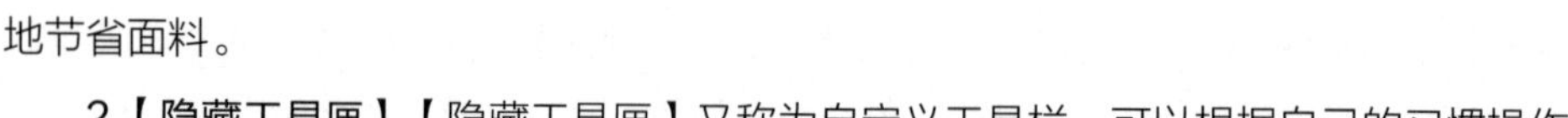

图5-4　隐藏工具匣

3.【布料工具匣】【布料工具匣】一般位置是在【主工具匣】的右边，主要是用来显示排料过程中不同布料所对应的纸样。点击选择框的右边三角会出现下拉菜单，会出现衬衫、里料及面料等多个选项。方便在不同面料之间进行切换，如图5-5所示。

4.【超排工具匣】【超排工具匣】在【主工具匣】的下方，主要功能是将载入的纸样进行迅速地超级排料，系统会全自动地进行排料，能够最大限度地节省时间，提高利用率。工具匣中的具体工具从左到右依次是【嵌入纸样】【改善唛架纸样间距】【改变唛架宽度】【抖动唛架】【捆绑纸样】【解除捆绑】【固定纸样】及【不固定纸样】，如图5-6所示。

图5-5　布料工具匣　　　　图5-6　超排工具匣

5.【唛架工具匣1】【唛架工具匣1】位于整个操作界面的左侧，呈竖条状自上而下排列，如图5-7所示。主要针对主唛架上的纸样进行移动、缩放旋转及添加文字等功能。自左至右分别是【纸样的选择】【唛架宽度显示】【显示唛架上的全部指样】【显示整张唛架】【旋转限定】【翻转限定】【放大显示】【清除唛架】【尺寸测量】【依角旋转】【顺时针90°旋转】【水平翻转】【垂直翻转】【纸样文字】【唛架文字】【成组】【拆组】。

图5-7　唛架工具匣1

（1）【样片选择】。该工具可选取及移动衣片。

（2）【唛架宽度显示】。单击该图标，按唛架宽度进行显示，方便了解数据。

（3）【全部纸样工具】。该命令可以显示出全部纸样。

（4）【整张唛架】。该命令可以显示出整张唛架。

（5）【旋转限定】。该命令是限制工具匣中【依角旋转工具】【顺时针90°旋转工具】等使用的开关命令，该命令呈现深色状则表示已进行限制。

（6）【翻转限定】。该命令是用于控制系统读取【纸样资料】对话框中的有关是否【允许翻转】的设定，从而限制工具匣中【垂直翻转】【水平翻转】和上下或【左右翻转】工具的使用，该命令呈现深色状则表示已进行限制。

（7）【放大显示】。用【放大显示】工具可对指定区域进行放大。

（8）【清除唛架】。用【清除唛架】工具可将唛架上所有纸样从唛架上清除，并将它们返回到纸样列表框。

（9）✏️【尺寸测量】。用【尺寸测量】可测量唛架上任意两点间的距离。

（10）🎧【依角旋转】。在旋转限定工具凸起时，使用该工具对选中样片设置旋转的度数和方向。

（11）↩️【顺时针90°】。可用该工具对唛架上选中纸样进行90°旋转。

（12）🔃【水平翻转】。可用该工具对唛架上选中纸样进行水平翻转。

（13）🔃【垂直翻转】。可用该工具对唛架上选中的纸样进行垂直翻转。

（14）📝【纸样文字】。该工具用来为唛架上的样片添加文字。

（15）Ⓜ️【唛架文字】。用于在唛架的未放纸样处打字。

（16）🔽【成组】。该工具将两个或两个以上的样片组成单个的整体样片。

（17）🔽【拆组】。该工具是与成组工具对应的工具，起到拆组作用。

6.【唛架工具匣2】 【唛架工具匣2】与【唛架工具匣1】相对，位于整个操作界面的右侧，也呈竖条状自上而下排列。主要对辅唛架上的纸样进行展开、折叠、缩放、旋转等处理。具体工具内容如图5-8所示，分别为【显示辅唛架宽度】【显示辅唛架所有纸样】【显示整个辅唛架】【展开折叠纸样】【纸样右折】【纸样左折】【纸样下折】【纸样上折】【裁剪次序设定】【画矩形】【重叠检查】【设定层】【制帽排料】【主辅唛架等比例显示纸样】【放置纸样到辅唛架】【清除辅唛架纸样】【切割唛架纸样】【裁床对格设置】。

图5-8　唛架工具匣2

（1）🔍【显示辅唛架宽度】。单击该工具，按辅唛架宽度显示。

（2）🔍【显示辅唛架所有纸样】。单击该工具，显示辅助唛架上所有样片。

（3）🔍【显示整个辅唛架】。单击该工具，显示整个辅唛架。

（4）🗂️ 展开折叠纸样。该工具用于将折叠的样片展开。

（5）🗂️🗂️🗂️🗂️【样片右折】【样片左折】【样片下折】【样片上折】。"选中折叠纸样，单击图标🗂️，即可看到被折叠过纸样又展开。🗂️纸样右折、🗂️纸样左折、🗂️纸样下折、🗂️纸样上折。"

（6）🗂️【裁剪次序设定】。该工具用于设定自动裁床裁剪衣片时的顺序。

（7）⬜【画矩形】。该工具用于画出矩形参考线，并可随排料图一起打印或绘图。

（8）📌【重叠检查】。该工具用于检查重叠纸样的重叠量。

（9）📝【设定层】。排料时如需要其中两片样片的部分重叠，则要给这两个样片的重叠部分进行取舍设置。

（10）【制帽排料】。该工具用于确定样片的排列方式，如正常、交错、倒插等。

（11）【主辅唛架等比例显示纸样】。该工具用于将主辅唛架上的样片等比例显示出来。

（12）【放置样片到辅唛架】。该工具用于将纸样框中的样片放置到辅唛架。

（13）【清除辅唛架纸样】。单击该工具可将辅唛架上的样片清除，并放回纸样窗内。

（14）【切割唛架纸样】。单击该工具可将唛架上纸样的重叠部分进行切割。

（15）【裁床对格设置】。用于裁床上对格设置。

二、纸样窗

纸样窗位于【主工具匣】的下方，放置着打开的排料文件的所有纸样。纸样框的大小改变有两种方式，其一是可以拉动边界来进行拓宽与缩小，只要选择其中一格进行拖拽缩放，其他的纸样也会同比例地进行缩放，如此一来就方便了操作，具体操作如图5-9所示。

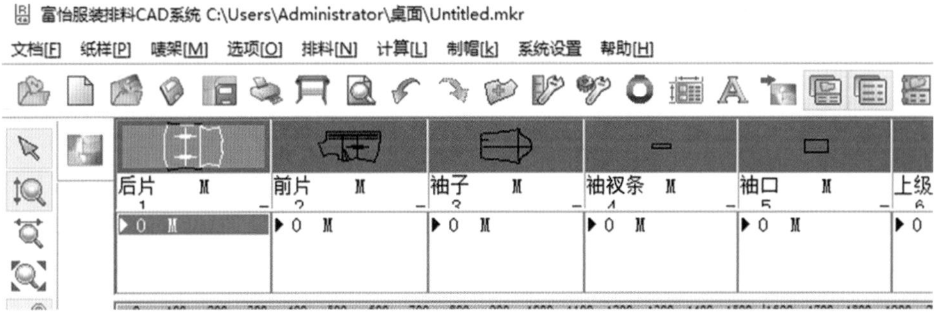

图5-9　纸样窗

其二则是可以在纸样框上右击后在弹出的对话框内通过调整纸样按照排列的方式来改变纸样的排列，如图5-10所示。

三、唛架区

唛架，是指在工业生产服装时，在批量裁剪衣服前，把纸样（纸板）先画（排料）在和所裁剪面料等宽的裁床专用纸上，而排料系统中的唛架区内容旨在辅助这一过程的制作，通过各类功能提高准确性。

图5-10　对话框

1. 主唛架区　主唛架区的区域位于尺码列表框的下方，占据了大部分的画面区域，是排料的主要工作区域，在画面中可以进行多种方式的排料设计，如图5-11所示。

2. 辅唛架区　辅唛架区在主唛架区的下方，唛架区的宽度可以进行调整。在排料时，可将需要手动排料的纸样放置在辅唛架区，按照需求调入主唛架区进行排料，如图5-11所示。

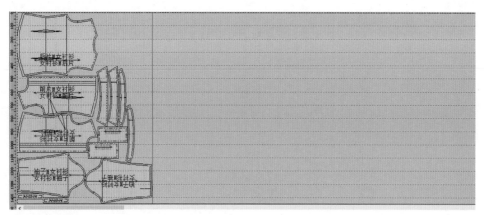

图5-11　唛架区

四、状态栏

状态栏位于整个排料界面的最下方，在状态栏靠右位置会显示出【每套用料】【总数】【放置数】【利用率】【幅长】【幅宽】及【层数】等排料信息。帮助用户在排板过程中更便捷地了解信息，如图5-12所示。

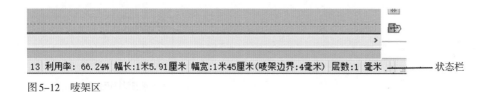

13 利用率：66.24% 幅长：1米5.91厘米 幅宽：1米45厘米(唛架边界：4毫米) 层数：1 毫米　　　——状态栏

图5-12　唛架区

第三节　排料系统功能介绍

软件辅助排料是将原人工伏案排料划样的繁重体力支出及脑力劳动转化为操作电脑的智能化工作。排料系统所提供的诸多工具不仅大大提高了排料工序的工作效率，降低了操作者的劳动强度，还可随时计算并显示出面料利用率等人工排料无法方便得到的数据。富怡 V10.0 的排料系统，有着众多的排板方式及功能帮助，可以根据所需任意进行挑选。并且系统在键盘操作上强调了快捷键的应用，能够极大地提升排料的工作效率。

一、系统功能介绍

排料系统是专业的排唛架专用软件，拥有简洁的界面与便捷的系统操作，排料工具的多种多样也为用户提供了更好的使用体验。该系统主要具有以下特点：

（1）云超排、全自动、手动、人机交互，多种自动进行的排料方式可按需求选用。

（2）键盘操作，搭配快捷键更为方便，排料快速且准确。

（3）自动计算用料长度、利用率、纸样总数、放置数。

（4）提供自动、手动分床。

（5）对不同布料的唛架自动分床。

（6）对不同布号的唛架自动或手动分床。

（7）提供对格对条功能。

（8）可与裁床、绘图仪、切割机、打印机等输出设备接驳，进行小唛架图的打印及 1：1 唛架图的裁剪、绘图和切割。

二、系统功能实操

排料系统中的功能众多，对于初学者来说具体操作起来较为困难。通过对排板及对条对格两种常用功能进行系统功能实操演示，细致的步骤操作能够帮助读者对排料系统有初步的认知与了解。

1. 排料

（1）单击【文档】菜单中的【新建】后会弹出【唛架设定】对话框，设定布封宽及估计的唛架长度，唛架宽度要根据实际的需求情况来决定，建议要预留余量，唛架边界可以根据实际自行设定，如图 5-13 所示。

（2）单击【确定】，弹出【选取款式】对话框。

（3）单击【载入】，弹出【选取款式文档】对话框，选取所需排料的文件，主要包括 DGS、PTN、PDS、PDF 文件类型的文件，如图 5-14 所示。

（4）单击文件名，单击【打开】，弹出【纸样制单】对话框。根据实际需要，可通过单击要修改的文本框进行补充输入或修改。

（5）检查各纸样的裁片数，并在【号型套数】栏，给各码输入所排套数，如图 5-15 所示。

（6）单击【确定】后就会回到上一个对话框，但文件框内会显示所选择的文件所

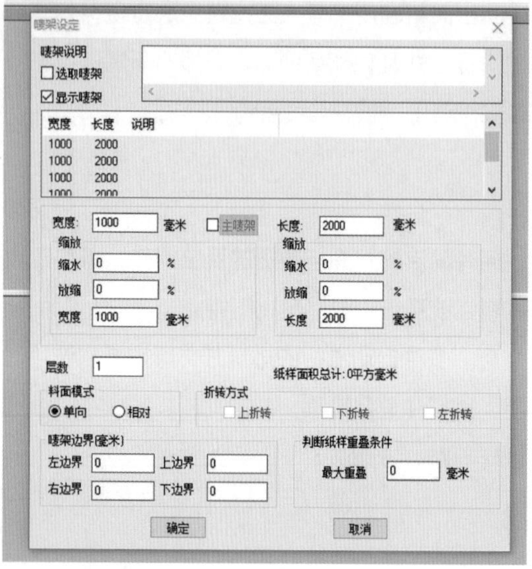

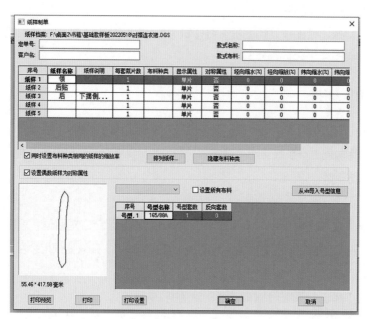

图 5-13　唛架设定

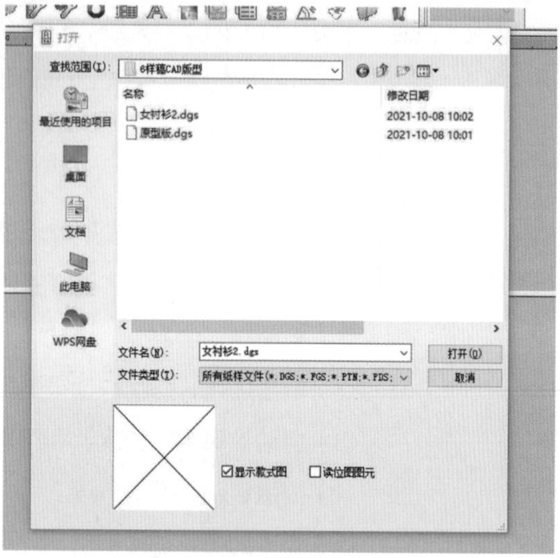

图 5-14　选取款式文档

图 5-15　号型套数栏

在位置名称。

（7）再单击【确定】，即可看到在纸样列表框内显示纸样，号型列表框内也显示各号型纸样数量，如图 5-16 所示。

（8）在进行排料之前，需要对排料时纸样的显示及打印的参数进行设计，这样才能便于在排料时对每个纸样的信息有着清晰的认识，如图 5-17 所示。

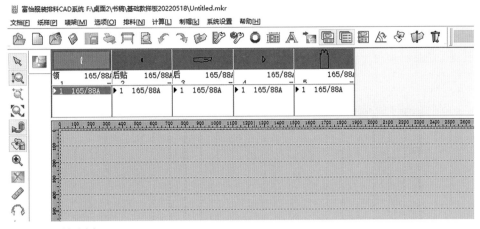

图5-16 纸样列表框

（9）根据需求选择排料方式，主要有手动排料、自动排料或超级排料等，排至利用率最高最省料。根据实际情况也可以用方向键微调纸样使其不要相互重叠（如果纸样呈未填充颜色状态，则表示纸样有重叠部分）。

（10）唛架即显示在屏幕上，在状态栏里还可查看排料相关的信息，在【幅长】一栏里即是实际用料数，如图5-18所示。

（11）单击【文档】—【另存】，弹出【另存为】对话框，保存唛架。

图5-17 参数设置

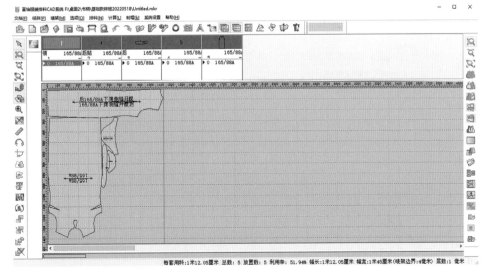

图5-18 最终排料效果

2. 排料对格对条　对条格前，首先需要在对条格的位置上打上剪口或钻孔标记。最后，排料要求的是前后幅的腰线对准在垂直方向上，袋盖上的钻孔对在前左幅下边的钻孔上，如图5-19所示。

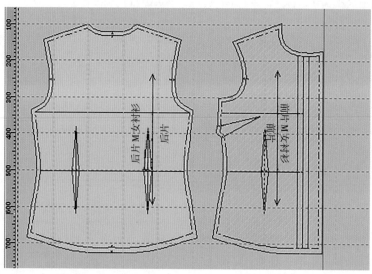

图5-19　对格对条

（1）重复上一节中排料的步骤至导入纸样文件。

（2）单击【选项】，勾选【对格对条】与勾选【显示条格】。

（3）单击【唛架】菜单中的【定义对格对条】随即弹出对话框，如图5-20所示。

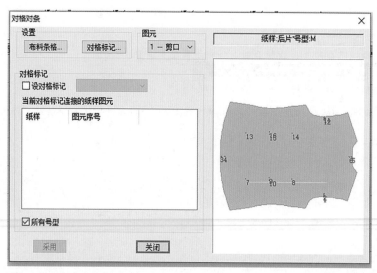

图5-20　定义对格对条

（4）首先单击【布料条格】，弹出【条格设定】对话框，根据面料情况进行条格参数设定；设定好面料按【确定】，结束回到母对话框，如图5-21所示。

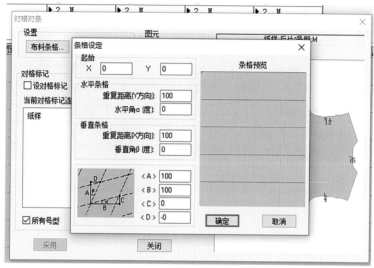

图5-21　条格设定

（5）单击【对格标记】，弹出【对格标记】对话框，如图5-22所示。

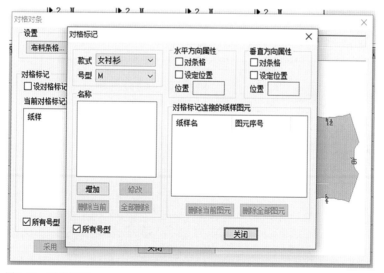

图5-22　对格标记

（6）在【对格标记】对话框内单击【增加】后会弹出【增加对格标记】对话框，在【名称】框内设置一个名称如"A"（命名无要求，任何名称皆可），单击【确定】回到母对话框，如图5-23所示。

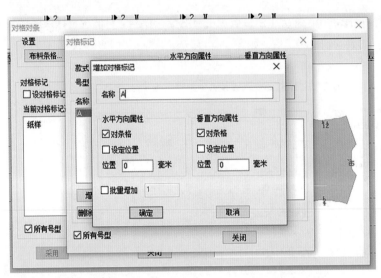

图 5-23　增加对格标记

（7）在【对格对条】对话框内勾选【图元】并在下拉菜单下选择所需要对应的剪口或是钻孔，在选择完成之后在【对格标记】中勾选上【设对格标记】并在下拉菜单中选择【A】，单击【采用】按钮如图 5-24 所示。

（8）随后再选择纸样窗中的纸样后幅，用相同的方法选中【图元】中的相对应剪口或是钻孔的对位标记，再在【对格标记】中勾选上【设对格标记】并在下拉菜单中选择【A】，单击【采用】按钮如图 5-24 所示。

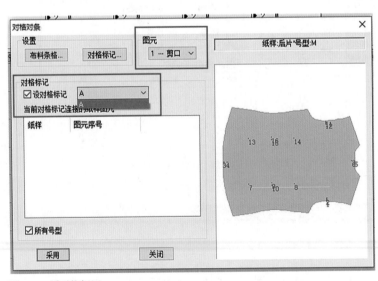

图 5-24　设对格标记

（9）单击并拖动纸样窗口中要对格对条的样片，到唛架上释放鼠标。由于对格标记中没有勾选【设定位置】，后面放在工作区的纸样是根据先前放在唛区的纸样对位的，如图5-25所示，经过如上操作后完成对格对条。

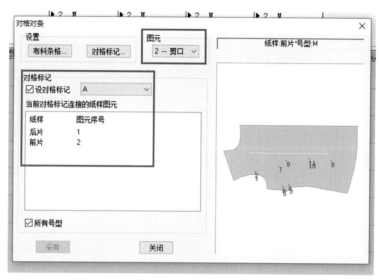

图5-25　完成对格对条

第四节　女衬衫CAD排料

　　旨在帮助读者能够更为熟练地进行排料操作，在本节中会通过排料系统针对长袖女衬衫进行CAD排料操作。在排料步骤小节中主要通过手动排料进行女衬衫排料操作，但在操作技巧中则补充上自动排料、人机交互排料等排料方式。让读者能够感受排料系统多种的排料方式，充分体会到软件排料的便捷性。在进行服装CAD排料时需要注意以下几点：

　　（1）设置好唛架的宽度与长度，唛架的宽度一般与面料的门幅宽度相对应，要考虑除去一定的布边宽度及铺布时布边的对齐情况。

　　（2）注意分床，假设五个号码的话，一般最大码与最小码一床套排，次大码与次小码一床套排，中号一床排，还要考虑各号码的套数，尽可能在最少的床数排完生产量，且要选择最有利的节省面料的排料方式。

　　（3）注意样片配对、面料的布纹方向及面料的不同，要相对应地进行设置，以防出错。

　　（4）注意一套服装样片不要离得太远，以防面料的色差影响服装的整体效果。

一、排料步骤

（1）单击【新建】，弹出【唛架设定】对话框，如图 5-26 所示。

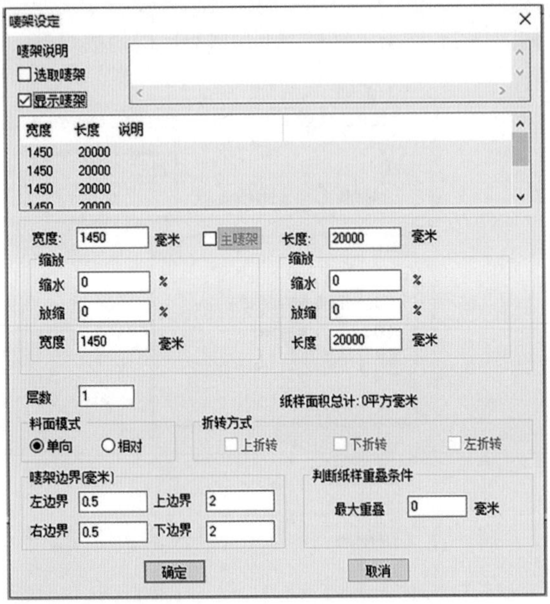

【唛架设定】对话框多数选项的具体说明：

【唛架说明】用于说明此唛架的排料款式、面料、尺码等，也可以选择不填。

【宽度】设定面积幅宽，面料宽度，主要是根据实际情况来定。

【长度】预计唛架的大约长度，最好放宽一点，应结合面料裁剪的实际有效长度或计划的裁剪分段来预计。

【层数】用于确定所排面料的面料模式，分单层、对折双幅及圆桶。

【边界】唛架边界可以根据布边的拉幅针眼或印、织的文字宽度，以及实际铺布时的齐边情况自行设定。

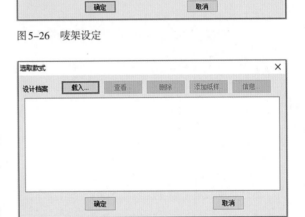

图 5-26　唛架设定

图 5-27　选取款式

（2）单击【确定】，弹出【选取款式】对话框，如图 5-27 所示。

（3）单击【载入】，弹出【选取款式文档】对话框，单击【文件类型】文本框旁的三角按钮，可以选取文件类型是 DGS、PTN、PDS、PDF 的文件。

（4）在指定存储的文件夹内选择"女衬衫.DGS"，单击【打开】，弹出【纸样制单】对话框，如图 5-28（a）所示。根据实际需要，可通过单击要修改的文本框进行补充输入或修改。

【纸样制单】多数选项的具体说明：

【定单】主要是用于注明此唛架要进行排料的定单，可以是单一定单排料，也可以是两个或两个以上定单的款式套排，也可以不填写。

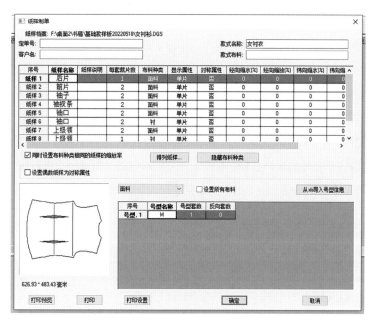

（a）纸样制单

（b）选取款式

图5-28 打开纸样文件

【款式名称】可以是单一款式，也可以是两个或两个以上的款式套排，还可以不填写。【款式布料】标明所排的款式布料名称或类型，也可不填写。

【显示属性】用于排料时，在纸样窗口显示的衣片属性。鼠标单击该格子，用户可根据个人爱好下拉选择是【单片】【左片】或是【右片】。

【对称属性】必须选定相应的纸样是否为左右对称片。鼠标单击该格子，下拉选择【是】，排料时系统将自动产生该片的另一侧衣片，并列入排料片数规划。若选【否】，则只出现默认的单片衣片。

【号型套数】应按当日计划生产套数，确定拉布的层数，以及裁剪案的有效长度，合理分配每个尺码的排料套数比例。

【反向套数】设定某一号型的全部衣片可以调转180°方向排料的套数，便于大、小号套排及合理插排，提高用料率。也可以不设置反向套数，在排料时单独对衣片进行180°旋转，但应确保旋转后不出现对不上格子图案或倒顺毛的现象。

（5）检查各纸样的裁片数，并在【号型套数】【反向套数】栏，给各码输入所排套数。

（6）单击【确定】，返回上一级对话框如图5-28（b）所示。

（7）选中需要排料的款式文件，再单击【确定】，即可看到纸样窗内显示的纸样，尺码列表框内显示各号型纸样数量，如图5-29所示。若没有显示【纸样窗】和【尺码列表框】，按下【主工具匣】的【纸样窗】和【尺码列表框】。

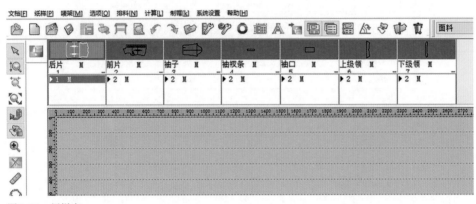

图5-29　纸样窗

（8）这时需要对纸样的显示与打印进行参数的设定。单击【选项】—【在唛架上显示纸样】，弹出【显示唛架纸样】对话框。单击【在布纹线上】和【在布纹线下】右边的三角箭头，勾选【款式名称】等需要在布纹线上显示的信息，如图5-30所示。

（9）运用手动排料，选中要排的样片尺码，然后鼠标点击要排的纸样图形，按着左键拖动到主唛架区松开，纸样便摆放到工作页面里。重复此项操作，直到尺码列表框里全部尺码前面的数字均为"0"，则表示全部纸样排料完成，如图5-31所示。

（10）唛架显示在屏幕上，在状态栏里还可查看排料相关的信息。

（11）单击【保存】图标或从菜单【文档】中的【另存】或键盘组合键[CTRL+A]，弹出【另存为】对话框，找到指定的文件夹，键入文件名，按【保存】，保存唛架。

（12）排料图输出。在完成排料作业后，利用系统的绘图（打印）功能，点击绘图或打印图标，选择与之接驳的绘图机，并设定好绘图实际尺寸。可绘制1：1的唛架图，投放到裁剪车间，按规定的料宽、料长铺好料后，直接进行手工裁剪。若企业具备与CAD系统匹配的自动裁床（CAM），也可将排料图直接发送到自动裁床，实现自动切割。

（a）在布纹线上

（b）在布纹线下

图 5-30　显示唛架纸样

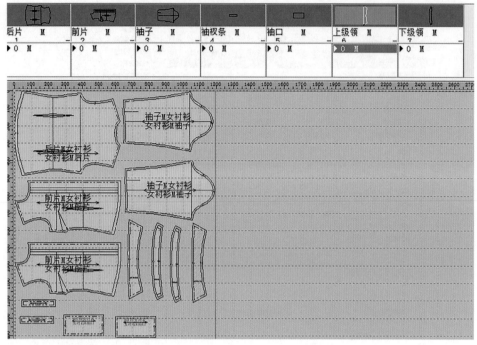

图5-31　女衬衫排料

二、操作技巧

在女衬衫的排料过程中主要采用的是手动排料，但在操作技巧中则补充上自动排料、人机交互排料等排料方式。让读者能够感受排料系统多种的排料方式，充分体会到软件排料的便捷性。

1. 自动排料

（1）排料的前期操作可参照上文的操作，完成至操作（8）。单击菜单【排料】，然后点击【开始自动排料】，排料完毕，就会弹出【排料结果】对话框，拉动水平滚动条，可以查看排料结果，如图5-32（a）所示。

（2）单击【确定】，唛架即显示在屏幕上，在状态栏里还可查看排料相关的信息，在【幅长】一栏里即是实际用料数，如图5-32（b）所示。

（3）单击菜单【文档】【另存】，弹出【另存为】对话框，单击，新建文件夹（注意，新建文件夹这一步不必每次都做，下一次再存文件时只需打开该文件夹即可），修改新文件夹名称。

（4）双击打开该文件夹，在【文件名】文本框内输入名称，单击【保存】即可。

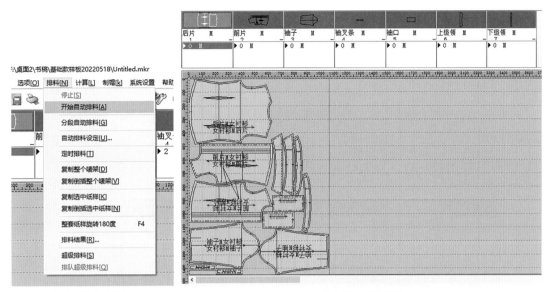

（a）开始自动排料　　　　　　　　　　　　　　（b）完成自动排料

图5-32　自动排料

2. 人机交互式排料

（1）自动排料部分参考以上介绍的内容，自动排料结束后，单击【选择】工具进行手动调整，单击并按住拖动纸样到空白文档位置，该纸样呈选中的斜线填充状态。

（2）单击【放大】工具，框选纸样，再单击，图像放大，如图5-33所示。

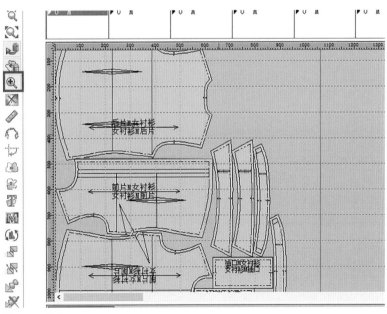

图5-33　放大

（3）根据情况选用鼠标右键拖动或是快捷工具操作进行纸样的移动操作，调整纸样的位置。调整后在没有纸样的空白处单击，则纸样颜色呈填充状态，如图5-34（a）所示，说明纸样已经排好，如果纸样呈未填充颜色状态，则表示纸样有重叠部分，需重新排料，如图5-34（b）所示。

（4）再单击【放大镜】工具，显示整张唛架，参照以上方法，继续调整其他纸样至满意为止。

（5）保存该唛架。

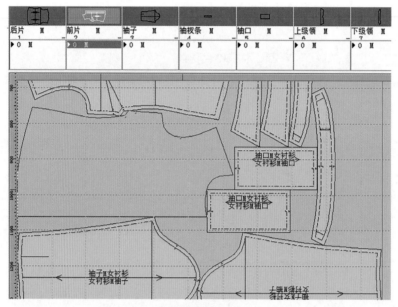

（a）纸样呈现填充状态

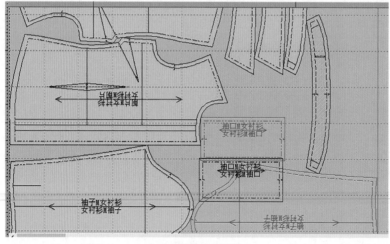

（b）纸样有重叠部分

图5-34　不同情况下的纸样呈现

3. 手动排料 调入纸样部分可参考上文的说明。调入一个文件后，拖动纸样窗的滚动条，查找首先要放入的纸样，双击该纸样，纸样进入唛架上，并自动放置在左上角。在尺码列表框内双击需排放的纸样，双击一次，表中的纸样数减少一个。在工作区中纸样自动弹开成靠紧状，不重叠，如图5-35所示。可以用以下几种方法摆放纸样：

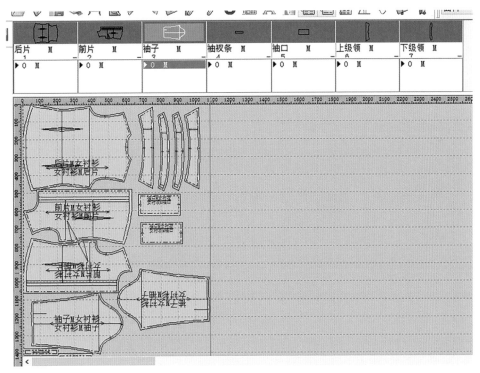

图5-35 手动排料

（1）移动。用右键单击需要移动的纸样，向要移动的方向拖动鼠标，纸样会滑动直至碰到其他纸样。

（2）调整。单击选中纸样，可用键盘数字键［8］［2］［4］［6］键或分别单击调整位置。

（3）旋转。可单击键盘［5］键或鼠标右键旋转90°或180°。

（4）旋转一定角度。特殊纸样可用［1］或［3］键旋转一定角度。

（5）重叠。可用鼠标单击移动或用键盘上的数字键［8］［2］［4］［6］移动纸样使其与其他纸样重叠一定尺度。

（6）尺码列表框的纸样都显示为0时，说明纸样已经排放完毕，保存该唛架即可，如图5-36所示。

图 5-36　尺码列表框

三、自主训练

（1）练习女裤CAD排料操作。

（2）练习西装CAD排料操作。

（3）尝试从放码系统中调入已经完成放码的文件或是衣片进行排料操作，并要求利用率达到75%以上。

本章小结

■　服装CAD排料一般采用人机交互排料和计算机自动排料两种方法。排料对任何一家服装企业来说都是非常重要的，会直接影响生产成本，也会对利润的多少产生影响。

■　服装CAD排料具体操作就是将服装打板后形成的服装样板在固定大小的面料幅宽中以最节省面料的原则进行合理科学地排列，使面料的利用率达到最高，以期能够以最经济的方式节省面料、降低成本。

■　服装CAD排料的过程遵循正反一致、方向一致、大小主次、形状相对、毛绒面料倒顺毛及色差就近六种排料规则。

■　富怡CAD的排料系统的工作界面包括【菜单栏】【主工具匣】【纸样窗】【尺码列表框】【唛架工具匣】【唛架区】【状态栏】。

练习与思考

1. 服装CAD排料和手工排料各有什么优缺点？

2. 如何合理利用样片的位置排料才能提高利用率？

3. 运用服装CAD排料系统进行西装、西裤等样板的排料。

第六章
服装CAD样板导入及
三维虚拟试衣

课程名称：服装CAD样板导入及三维虚拟试衣

课题内容：富怡CAD软件V10.0版本的样板导入与导出操作过程及三维虚拟试衣系统的操作过程

课题时间：8课时

教学目的：了解服装CAD样板不同格式的转换过程及将服装CAD样板导入三维虚拟试衣系统进行虚拟试衣

教学方式：教师讲解并进行示范操作，学生课上实践结合课后练习

教学要求：1. 了解国内外主流服装CAD系统的文件输出格式及国际化标准常用的转换格式
2. 熟悉不同系统通用的DXF格式的导出与导入方式
3. 了解CLO3D系统的界面以及基础工具的操作方法
4. 通过实际案例，掌握CLO3D系统进行三维服装模拟的设计思路与操作流程

课前（后）准备：安装完成CLO3D三维虚拟试衣系统，准备课程中所需的样板文件，对CLO3D三维虚拟试衣系统的基础操作有初步了解

服装三维虚拟技术是计算机技术与服装时尚产业相结合的产物，也是人们对生活便捷、舒适度及个性追求的产物，它是在服装 CAD 系统打板、放码、排料三大板块的基础上，通过三维模型，360°全方位浏览，随意组合搭配服装，提升试衣过程的真实感和体验感，促使企业在最短的时间内把握顾客的喜好，从而生产出具有广泛市场需求的新服饰，也能够使设计师对于作品的三维效果有更加直观的了解，对于有问题的地方直接在软件中加以改进，降低样衣的制作次数，这是企业在发展中一直追求的目标。

设计对于服装行业来说虽然投入的成本小，但是对于产品的总价值的高低却起到了决定性的作用。因此通过虚拟设计可以在降低生产成本的前提下，获得最真实的用户体验数据，服装三维 CAD 系统是以 3D 人体模型为基础，通过计算机完成三维人体测量、三维服装设计、三维立体裁剪、三维立体缝合及三维穿着效果展示等各项操作，可以在不制作服装的前提下，通过仿真模拟服装穿着效果，提高设计质量，缩短开发应用时间，节约成本，对于消费者来说，也更加能够提升其对购买服装的满意程度。将计算机图形学中的三维人体与服装 CAD 中的建模相结合，即可运用服装三维 CAD 技术。它包括三维人体测量技术和虚拟三维服装设计，其中三维人体数据测量是虚拟服装设计的前提，通过对测量数据的处理整合形成人体结构数据库，从而形成 3D 人体模型，它是三维虚拟服装设计的必要工具。

本文以 CLO3D 作为虚拟服装设计平台，来展示服装 CAD 样板的虚拟仿真效果。该软件的界面同时包含虚拟化窗口及样板窗口，分别展示所设计服装的 3D 模型和 2D 样板图。在设计修改过程中，两个窗口间的数据可同步联动，操作快速直观。在虚拟设计效果确定之后，其中包含的二维样板数据信息可共享给制板师，甚至可以直接用于样衣的生产，大大节省了服装前期的开发费用。

通过测量数据的处理整合形成人体结构数据库，从而形成 3D 人体模型，它是三维虚拟服装设计的必要工具。在虚拟服装设计中，2D 纸样转化为 3D 服装这一环节涉及两个方面，分别是服装衣片的绘制，以及样片的缝合，在这个过程中由于服装材料性质和形变的差异，会产生不同的效果。

第一节　服装CAD系统数据格式与转换

目前，服装企业应用的服装 CAD 软件众多，对每一个服装 CAD 软件来讲，系统具有很好的兼容性，可进行数据文件转换是其在信息化时代发展的必经之路，也是各服装 CAD 系统适应企业的实际需求，提升市场竞争力，维系长远发展的必然选择。服装 CAD 打板系统最终生成的是可用于放码、排料、绘图与裁剪输出的样片数据文件，当各服装 CAD 系统实现了相互之间的数据文件转换，文件可通过 E-mail 或其他介质直接传递给加工企业时，板型师就可以将更多的精力集中到 CAD 的全新打板方式上，充分挖掘打板系统的潜力，这对于进一步发挥服装 CAD 打板系统的作用，提高服装 CAD 打板系统的使用效率，减少不必要的劳动等具有重要意义。不同服装 CAD 软件具有不同格式的文件，目前，大多数软件直接导出文件不能相互直接打开，如富怡服装 CAD 软件制作的纸样文件无法被日升服装 CAD 软件直接打开，不同的软件之间存在壁垒。因此，为了能够解决这一问题，实现企业数据之间的相互交流与转换，提高软件的使用率，服装 CAD 软件升级了文件格式转化功能，任意不同的软件都可以将文件转化成通用格式，如 DXF 格式。不同的软件也可以将媒介格式下的文件转化为自身软件格式。

CAD 数据交换是将数据从一种 CAD 系统转换到另外一种 CAD 文件格式的软件技术及方法。其中主要的问题就是几何元素，如网格、曲面与实体造型之间的转换，以及属性、源数据、装配结构与特征数据的转换。大多数服装 CAD 系统的文件数据格式设计为内部执行模式，一般来说，不对其他服装 CAD 系统开放。现以市场上主流的服装 CAD 系统为例。

（1）美国格柏 CAD 系统。GERBER Accumark 打板 / 放码。文件格式：Accumark 款式档案，Accumark 样片资料 Accumark 排板图。

（2）法国力克 CAD 系统。LECTRA Modaris 打板 / 放码。文件格式：款式系列 *mdl，衣片格式 *iba，尺码格式 *vet。

（3）国产富怡 CAD 系统。RichforeverV10 系统。文件格式：纸样资料 *dgs，排料资料 *mkr。

（4）国产日升 CAD 系统。NACPrO 系统。文件格式：样片资料 *pac，排料资料 *amk。

（5）国产布易 CAD 系统。FT 系统。文件格式：样片资料 *pdf。

综上可知，各类服装 CAD 系统的文件资料均为自定义格式。因此导致各个 CAD 系统之间无法直接交换数据资料，需寻求一种客观可行的解决方案。

上面提到几款国内外主流的服装 CAD 系统，占到国内服装企业 CAD 系统应用的 75% 以上。不同系统间的款式档案、纸样、排料文件等的数据交换，最简单的方法就是相互开放数据格式，能够直接读取对方的文件数据，从而实现系统间的数据转移，将极大地方便用户使用。由于种种原因，目前商业化的服装 CAD 系统之间的数据格式相互不开放，使服装 CAD 系统之间无法直接进行数据交换。目前，只有美国格柏和法国力克系统较新的版本能够实现相互之间数据的读取。相对于其他不能直接读取数据的系统，一般采取一种常见的格式作为转换的媒介。一个 CAD 系统输出这种格式，另一个 CAD 则读取这种格式，实现数据的转换。

目前已成为国际标准常用的转换格式有：

（1）初始化图形交换规范（IGES. Initial Graphics Exchange Specification）。定义基于计算机辅助设计与计算机辅助制造系统电脑系统之间的通用 ANSI 信息交换标准。

（2）产品揽利激活交互规范（STEp_1S0 10303. Standard for the Exchange of Product Model Data）。是国际标准化组织制定的描述整个产品生命周期内产品信息的标准，提供了一种不依赖具体系统的中性机制，旨在实现产品数据的交换和共享。

（3）DXF。Autodesk 公司开发的用于 AutoCAD 与其他软件之间进行 CAD 数据交换的 CAD 数据文件格式，是一种基于矢量的 ASCT 文本格式，开源的 CAD 数据文件格式。

（4）AAMA/ASTM。服装 CAD 系统最为常用的转换格式为 AAMA/ASTM，是基于 DXF 的通用图形交换格式。一般的服装 CAD 系统都集成了这两种格式的导入与导出模块，通过磁盘存储媒介或网络环境等，实现 CAD 系统之间的数据交换。

第二节　服装CAD导入/导出AAMA/ASTM格式

目前，在服装 CAD 领域，应用最为广泛的输入、输出标准文件就是美国 Autodesk 公司的 ASCII 码图形交换文件——DXF。DXF（Data Exchange File）比较好读取，易于被其他程序处理，主要用于实现高级语言编写的程序与 AutoCAD 系统的连接，或其他 CAD 系统与 AutoCAD 之间的图形文件交换。由于 AutoCAD 在世界范围内的应用极为广泛，已深入各行各业，所以它的数据文件格式已经成为一种事实上的工业标准，几乎所有的 CAD 软件都支持它。因此，服装样片文件作为一种图形数据文件也可以使用 DXF 格式文件作为不同服装 CAD 系统的交换文件。为了便于不同的服装 CAD 系统之间进行数据交换，美国制定了服装样片数据交换标准——AAMA，日本制定了 TIIP，相应的各服装 CAD 开发商也建立了自己的 DXF 格式标准，如 GERBER-DXF、LECTRA-DXF 等，它们都是在 DXF 的基础上建立起来的。作为一种转换的中间媒介，DXF 的格式是公开的，DXF 文件可以很容易通过编程被不同的服装 CAD 系统输出或输入。到目前为止，它已成为服装 CAD 领域内默认的行业标准，如果一套服装 CAD 系统不能提供输入及输出 DXF 文件的功能，它将很难在市场上长久立足。

富怡 CADV10.0 打板系统内部数据格式为 dgs，其属于自定义格式，非通用格式。因此，用富怡系统制作的衣片纸样图文件必须经过转换才能与其他 CAD 系统进行交换。富怡 CADV10.0 集成了 AAMA/ASTM 的转换功能。通过该转换功能，可以将市场的自定义格式导出为通用的 AAMA/ASTM 格式文件，供其他 CAD 系统读取，也能导入其他

CAD生成的AAMA/ASTM格式文件或通用DXF格式文件。利用此功能还可提供给3D模拟系统进行2D与3D的转换，生成逼真的3D立体着装效果或动态展示效果图。

一、导入

富怡CADV10.0系统导入AAMA/ASTM格式文件的具体操作方法，首先主要是从菜单栏选择【文件】后点击【打开DXF文件】，如图6-1（a）所示。

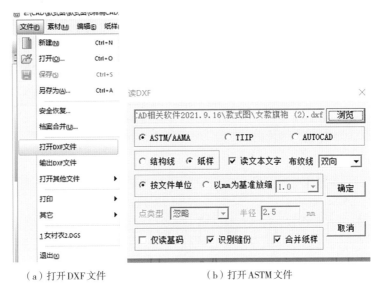

（a）打开DXF文件　　　　　（b）打开ASTM文件

图6-1　打开ASTM文件导入虚拟试衣

紧接着弹出来【读DXF】的对话框，从弹出的对话框中选择要导入AAMA/ASTM格式纸样的文件夹，选择好需要打开的文件，确认文件名后打开文件，如图6-1（b）所示。在【读DXF】的对话框中可以看到除去ASTM/AAMA的文件格式外，还有着TIIP与AUTOCAD，软件可包容的文件格式多样，尽可能地减少用户使用上的不便。除此之外，对话框中还包含更为细节的文件类型，提高操作时的便捷度。

二、导出

富怡CADV10.0转换DXF系统格式文件的导出过程类似打开方式。如同导出一般先从菜单栏选择【文件】后【输出DXF文件】，如图6-2所示，从弹出的对话框中选择需要导出AAMA/ASTM格式纸样的文件位置。确认文件名位置后选择确定。在对话框中可以看到输出文件格式有三种选择，分别是AAMA、ASTM及AutoCAD，输出纸样的范围与导出文件的类型也有三种选择，除此之外还有着是否增加控制点等更为细节的参数设计。

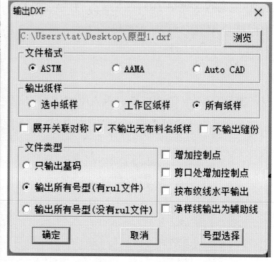

（a）输出 DXF 文件步骤　　　　　　　　　（b）输出 ASTM 文件步骤

图6-2　输出 ASTM 文件导入虚拟试衣

第三节　三维试衣系统介绍

随着计算机行业的发展，以及人们对服装美观性和舒适性要求的提高，国内外研究人员把目光从二维模拟进行平面服装设计，转向了三维模拟的研究。服装CAD技术，是一种计算机辅助服装设计技术，它综合了视觉、数据库、计算机图形学及计算机几何学等众多技术和学科。服装CAD系统包括电脑设计系统和电脑试衣系统。

一、国内外试衣系统简介

目前三维服装设计系统以及模拟试衣系统逐渐进入人们的视线，近几年国内外常使用的虚拟试衣软件有如下几个。

国外试衣系统：随着虚拟现实技术的发展和推广，多款虚拟服装设计软件先后推出。国外服装虚拟技术已基本能实现三维服装的设计与修改，反映服装穿着运动舒适性的动画效果，模拟面料的悬垂效果，实现360°旋转功能。

（1）Marvelous Designer软件。Marvelous Designer采用真实的传统布料制作方法进行3D布料建模。它有优化功能，新增智能辅助捕捉点功能，还拥有使部分形态固化等新功能，操作界面如图6-3所示。

（2）CLO3D试衣软件。多位学者利用该软件进行虚拟服装设计，并使用该软件对服装合体性做了相关评价，前两个试衣软件为同一韩国公司研制的虚拟试衣软件，操作界面如图6-4所示。

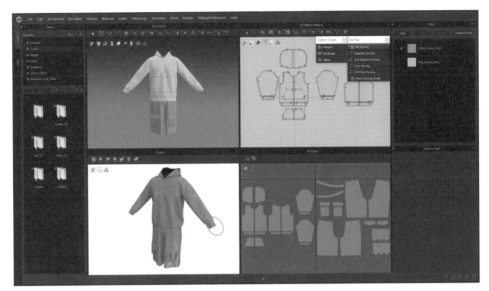

图6-3　Marvelous Designer软件操作界面

图6-4　CLO3D软件操作界面

（3）3D V-Stitcher试衣软件。属于美国格伯公司的软件，有学者通过该虚拟试衣软件对作训服肩背部运动的舒适度进行了测试分析。格伯公司最早是研发服装CAD制板软件，后期也有较为完善的三维虚拟试衣平台用于配套使用，操作界面如图6-5所示。

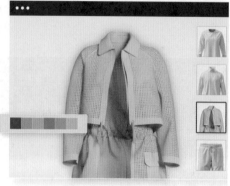

图6-5   3D V–Stitcher软件操作界面

（4）美国PGM的Runway3D人体试衣系统。有相关领域学者通过该系统对中年胖体女性西装结构进行了相关研究。设计师将二维平面设计的衣片放在模拟人体上，将衣片模拟缝合成三维的服装，并穿着在人体模特上，方便直观观察试衣效果，针对试衣效果进行样板修改，并进一步试衣验证。在试衣界面中可以查看服装松紧度，不同的色彩代表不同的松紧度，从而给设计制作者提供参考意见，提高服装穿着舒适性。可以对着装人体模型进行任意缩放，全方位旋转，可以从各个角度观看效果，也可以隐藏人体，进一步察看服装内部细节。采用光标缝线，可以根据需要修改缝线及添加修饰线条，生成新的纸样，并在试衣软件中查看效果。真实再现织物材质和配色，任意调整图案、面料、色彩、花型大小，全面表达设计师的设计理念，达到最佳效果。三维模拟人体模特可以根据实际情况调整身体各个部位的尺寸数据，从而得到各种体型特征的人体模型，如孕妇、溜肩体、凸肚体、驼背体、肥胖体等，可以进行远程量身定做。

（5）Optitex三维CAD软件。是一款直观、多功能且受信任的3D设计软件，可通过设计、开发和生产之间的真正互操作性激发时装设计师的创造力，一款打板软件，可让设计师无缝创建数字图案并制作图案尺寸，同时消除设计开发过程中的数百个手动步骤。同时也有3D工具，可在创新的3D数字环境中显示虚拟样本，单击按钮即可制作服装并进行快速修改，由逼真的渲染提供支持，实现逼真的可视化。用于设计、开发和生产团队协作的单一3D数字环境，在一个方便、高质量的工作空间中管理、共享和呈现文件的360°视图。还能够根据其物理和视觉属性测量和模拟织物，它是一种协作工具，可让设计师在3D数字环境中展示虚拟样本，决策者可以访问该环境并评论和批准样本。它还是一种切割布局工具，通过自动嵌套，或手动在标记台上放置碎片来规划和优化纺织品的使用，操作界面如图6-6所示。

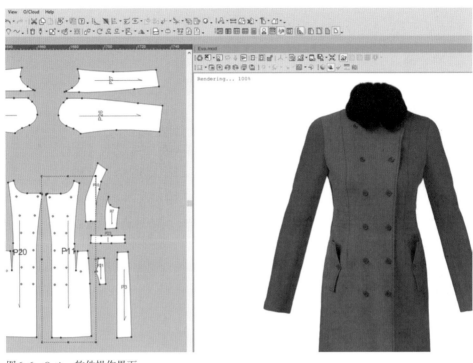

图6-6　Optitex 软件操作界面

（6）日本旭化成的 AGMS3D 软件。1970 年日本开发了该软件，AGMS 每年投入数亿日元从事系统的研究、开发及升级服务，有 20 多项专利成果。AGMS 服装专业软件系统有设计、打板、放码、排料、蕾丝专业排料、缝制式样书、3D 系统、SOHO、全自动排板、量身定制系统、生产管理系统等功能。

国内发展较好的虚拟试衣平台有如下几个。

（1）Style3D 虚拟试衣平台。Style3D 是三维服装 CAD 系统，有较为合体的板型、有经得起 50 倍放大的面料细节，以及可动态的虚拟模特，较为吸引人的则是 Style3D 先进的服装数字技术。Style3D 作为国内唯一一款大型商业化柔性体仿真工业软件，其核心技术主要分为柔性仿真、服装真实感渲染、服装 CAD 设计，操作界面如图6-7 所示。

Style3D 有 3D 服装 CAD 建模、服装三维试衣与展示及立体裁剪等功能，是一个 3D 数字化设计和建模工具。Style3D 可提供创意设计、3D 建模、仿真还原、画面渲染等功能，设计师可以通过 Style3D 绘制服装款式、制作板型、选择面料，建立 3D 仿真成衣模型，进行线上模特走秀，款式、面辅料、板型，均可呈现实物原型。目前，使用该产品的品牌有 ZARA、森马、绫致、波司登等，凌迪 Style3D 有累计数亿元的研发投入，联合中国科学技术大学、伯克利、阿里、百度、腾讯、浙江大学 CAD&CG

图6-7　Style3D软件操作界面

国家重点实验室等高校和机构的技术专家共同研发。目前东华大学、北京服装学院、浙江大学CAD&CG国家重点实验室、中山大学、北京长峰科技公司、杭州爱科公司等开发了服装3D模式的款式设计系统，其中浙江凌迪数字科技有限公司自主研发推出的服装产业Style3D数字化服务平台已用作商用平台，并与院校进行了合作，取得了一定的进展。

　　服装CAD的应用在逐渐扩展，这也是数字化服装行业的发展趋势，随着元宇宙时代的到来，服装数字化设计师的需求越来越大。Style3D有益于当下的数字化生态，如一些基础材料的数字化，在面料数字化的基础上才可以呈现具体服装的数字化，以及服装各个细节的数字化，这能够实现数字化产业链上下游的共创，打造数字化CAD品类创新，捕捉未来市场需求信号，识别和强化当今中国文化，与此同时Style3D具有很强的设计改板功能，它涵盖了服装款式设计、服装结构设计、服装样板制作、服装工艺设计、服装三维试衣与展示等各方面的内容。该软件核心优势为3D设计、企划助手、实时核价、直连生产，设计主要完善功能，其中3D设计研发素材库、部件化研发模式、3D标注工艺、实时核算生产成本、自动输出BOM清单，也是成功的因素之一。

　　（2）POP云图国家级纺织服装创意设计示范平台。可以在线360°逼真展示，无须实物样衣，即可了解款式全貌、板式、面辅料。支持模板自由旋转，全方位无死角查看款式细节设计，一键转换面辅料、图案花型，实现"所见即所得"设计体验，支持上传本地面料、花型在线即时模拟，模板品类丰富、齐全，定期更新不同单品模板，支持一键下载不同角度的效果图。降低样衣制作、改板的可能，提高款式生产效率；减少物料、人力资源成本，缩短单品出样周期。

　　国内对于虚拟服装设计的研究已取得初步进展，实现了仿 3D 的虚拟设计，能快速地对服装进行轮廓绘制、面料填充、组合修改等，与国外虚拟现实技术在服装行业的应用水平相比还有一定的距离。

　　本文选择了 CLO3D 试衣软件，能很好地得到试衣效果，也能准确地表明压力值。该软件无须设计草图，运用现有的板片模块进行组合设计。既可以直接在虚拟模特上绘制造型，自动生成板片，精确模拟面料的物理属性，即使是悬垂性良好的织物，如轻薄的梭织和针织面料，也可以轻松调整服装的合身性。高度精确模拟的 3D 样衣使设计师可以零成本自由探索每一个想法和灵感，运用 CLO 的虚拟仿真技术创建自然、逼真的模拟环境，展示立体服装。

　　CLO3D 虚拟试衣系统可以直接将修正好的板型导入系统，在试穿的过程中还能在 2D 区对原型进行相应修改，还可以进行压力测试，其功能强大，可合理地对上体原型进行试穿实验，并做试穿相关对比分析，能很好地应对数字化跨境服装设计发展现状。虚拟服装可以通过动态或静态展示来表现，通过虚拟模特的试穿检查服装的舒适度，分析测试虚拟服装和模型受力情况可以在一定程度上了解穿着的舒适度。接触点分布、压力分布依据颜色标识可知人体模型的压力程度。显示绿色面积说明面料的拉伸强度弱且较为宽松，红色面积则说明面料的拉伸强度高且较为紧绷。虚拟服装的接触点的分布可看出面料对人体模特的束缚感及舒适度。另外，调节虚拟服装的透明度可以观察衣服的放松量来判断服装是否舒适，试穿修正完成后可通过熨烫工具整烫处理妥帖。

二、虚拟服装压力测试

　　利用虚拟试衣软件进行压力测试，能够很好地展现出虚拟试衣的合体性，对服装进行 3D 模拟试穿，研究服装与人体产生变化力的相互关系，通过计算压力的三维分配，服装和人体的压力和变形来分析人体与服装的空间关系，探讨服装的运动舒适性。有相关学者采用 Marvelous Designer 软件模拟标准体人体进行样衣试穿，并通过虚拟试衣拉紧测试了解修正的实验原型样板是否更符合人体日常活动的需求。

三、CLO3D 工作界面介绍

　　CLO3D 软件的工作界面主要有菜单栏、工具栏，还有【库】窗口、【模式】窗口、【2D 板片】窗口、【3D 工作】窗口、【对象浏览】窗口、【属性编辑】窗口共 6 个窗口。操作界面如图 6-8 所示。以下针对几种主要界面窗口进行相关介绍。在富怡 V10.0 软件完成相关纸样设计后，再将纸样导入 CLO3D 软件后，既可在【2D 板片】窗口中看到样板，也可在该窗口中选择相应的面料，还可在【3D 工作】窗口中进行虚拟试穿。

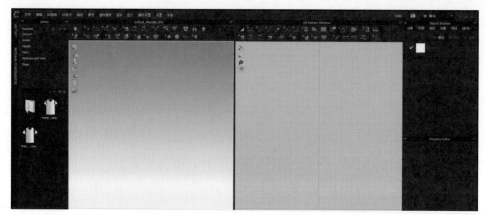

图6-8 CLO3D软件的2D、3D工作窗口

1.【菜单栏】【菜单栏】位于工作界面的最上方，内容包括【文件】【编辑】【3D服装】【2D板片】【缝纫】【素材】【虚拟模特】【渲染】【显示】【偏好设置】【设置】【手册】，每个菜单分别有不同子菜单，可完成不同相应的内容，如图6-9所示。

图6-9 CLO3D软件的菜单栏

2.【工具栏】【工具栏】分别在【2D板片】窗口和【3D工作】窗口的上方，可以用于编辑3D服装虚拟试穿、2D板片的相关操作，其中【3D工作】窗口的【工具栏】与【菜单栏】中的【3D服装】的许多子菜单的功能是相同的，读者可以根据个人操作习惯来自定义布局相关工具，如图6-10所示。

图6-10 CLO3D软件的工具栏

3.【库】窗口 【库】窗口在界面左侧，其中有CLO3D软件自带的资源库，如图6-11所示，有服装（Garment）、虚拟模特（Avatar）、衣架（Hanger）、面料（Fabric）、配件（Hardware and Trims）、走秀舞台（Stage），还可以在喜好（Favorites）里增加更多的资源库。

服装（Garment）内有一些基础服装，有夹克衫、Polo衫、T恤衫、大衣等资料

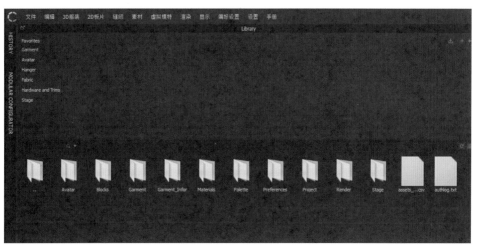

图6-11 CLO3D软件的服装库窗口

文件。双击选项后，即可得到以下文件夹，选择想要的款式文件夹后，双击文件夹，双击服装图标后即可打开服装，可分别在【2D板片】窗口和【3D工作】窗口内看到服装样板及虚拟服装。如图6-12所示，为CLO3D软件的菜单栏。双击文件夹列表中的最左边文件即可返回上一级列表。

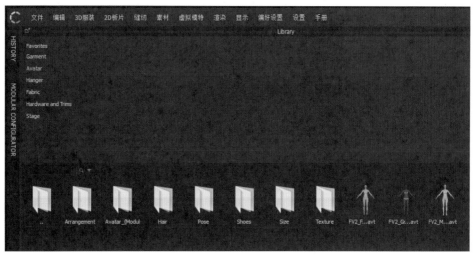

图6-12 CLO3D软件的菜单栏

虚拟模特（Avatar）的资料库内有头发、姿势、鞋子、体型、肤色等类型，还有不同的女性发型造型，可为虚拟模特更换不同发型的数据，双击选择的发型后即可装饰在3D窗口的虚拟模特身上，如图6-13所示。

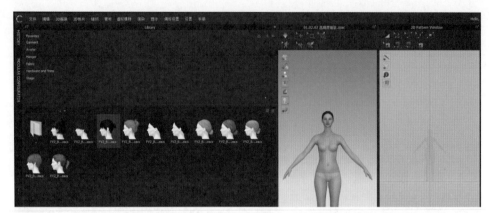

图6-13 CLO3D软件的菜单栏

面料（Fabric）中有不同面料资料，如图6-14所示，包括棉、麻、丝、毛、化纤等产品。用户双击面料后可以设置面料，也可以直接点击面料到【3D工作】窗内的某块样片中，完成面料设置步骤。

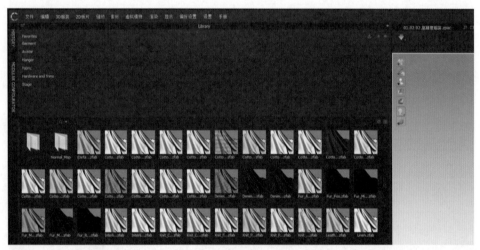

图6-14 CLO3D软件的面料库

配件（Hardware and Trims）中，有较多细节配件资源，如皮带扣、纽扣、抽绳、拉链等，如图6-15所示，可双击选中的配件后在界面右侧出现在【对象浏览】窗口中，可统一管理设置纽扣。

走秀舞台（Stage），如图6-16所示，可为制作虚拟模特录制走秀动画而准备，有一个CLO3D自定义的走秀舞台。

4.【模式】窗口　在窗口的右上角，一共有七种模式。①【模拟】模式：在【2D板片】窗口绘制或修改样板后，在【3D服装】窗口模拟服装的模式；②【动画】模

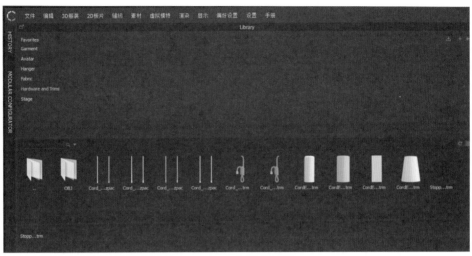

图6-15 CLO3D软件的配件库

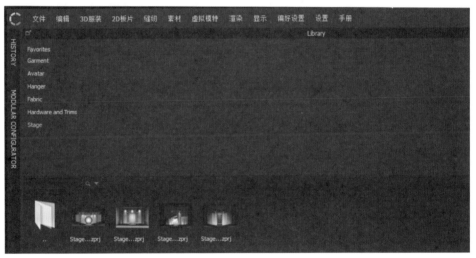

图6-16 CLO3D软件的走秀舞台

式：录制服装动画播放机编辑的模式；③【印花排放】模式：按照面料印花图案确认面料排料信息的模式；④【齐色】模式：制作齐色款的模式；⑤【备注】模式：添加针对服装说明及批改意见的模式；⑥【面料计算】模式：使用CLO3D提供面料测试仪做面料属性的模式；⑦【模块化】模式：简单地组合和修改样板做设计的模式，如图6-17所示。

【2D板片】窗口和【3D服装】窗口，【2D板片】

图6-17 模式窗口界面

窗口是绘制和缝制样板的二维空间,【3D 服装】窗口是模拟服装以及 360°查看的空间。在对象浏览窗口,检查好样板、织物、明线、纽扣等列表的空间,用户可直接点击进行统一管理,如图 6-18 所示。属性编辑窗口在主界面的右下角,可以查看元素属性的空间,可在此处修改虚拟模特、纸样、织物、配件等属性参数,如图 6-19 所示。

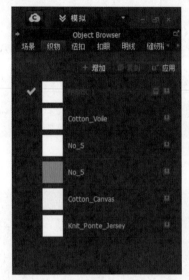

图 6-18　对象浏览窗口

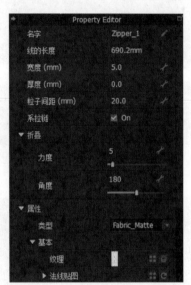

图 6-19　属性编辑窗口

第四节　基本工具介绍

CLO3D 的基本工具主要分布于【2D 板片】窗口和【3D 工作】窗口,两个窗口中的各个子工具栏略有不同。【2D 板片】窗口主要针对的是 2D 板片的设计、修改及缝纫;在【3D 工作】窗口中则是展现服装穿着在虚拟模特身上的效果,能够更为直观地了解 3D 服装的款式、面料及图案。

一、【2D 板片】窗口工具

【2D 板片】窗口的工具栏默认位于 2D 窗口的顶端,用户可以根据自身需求将工具栏拖拽至【2D 板片】窗口的其他位置。如图 6-20、图 6-21 所示,其中包括多个子工具栏,【板片】工具栏、【折裥】工具栏、【测量点】工具栏、【层次】工具栏、【板片标注】工具栏、【缝纫】工具栏、【缝合胶带】工具栏、【归拔】工具栏、【明线】工具栏、【缝纫褶皱】工具栏、【纹理/图形】工具栏、【放码】工具栏、比较板片】长度的工具栏、【填

充】工具栏。运用这些工具，可以完成对服装板片的设计、修改、缝纫、抽褶皱、缉明
线、纹理、标注等操作。

图6-20　2D板片窗口

图6-21　2D板片窗口工具栏

1. 板片工具

（1）■【调整板片】。可对【2D板片】窗口中的纸样进行选择、移动、调整（旋
转、比例放缩、复制）等操作。

（2）■【编辑板片】。可移动【2D板片】窗口纸样上或是内部图形中的点，对板
片进行修改。长按下拉还包括【编辑点/线】【编辑曲线点】【编辑圆弧】【生成圆顺曲
线】【加点/分线】的工具，如图6-22所示。

（3）■【延展板片（点）】。可在特定点划分并延展板片，来均匀分布特定范围。长
按下拉还包括【延展板片（线段）】工具，如图6-23所示。

（4）■【多边形】。可在【2D板片】窗口中创建多边形板片。长按下拉还包括
【矩形】【圆形】【螺旋形】工具，如图6-24所示。

（5）■【内部多边形/线】。可在板片内生成多边形和线段。长按下拉还包括【内
部矩形】【内部圆】【省】工具，如图6-25所示。

图6-22　编辑板片工具

编辑板片　Z
编辑点/线
编辑曲线点　V
编辑圆弧　C
生成圆顺曲线
加点/分线　X

图6-23　2D板片窗口工具栏

延展板片（点）
延展板片（线段）

图6-24　多边形工具

多边形　H
矩形　S
圆形　E
螺旋形

图6-25　内部多边形/线

内部多边形/线　G
内部矩形
内部圆　R
省

（6）【勾勒轮廓】。可使用勾勒轮廓工具将内部线、内部图形、内部区域、指示线转换为板片。

（7）【剪口】。可按照需要在板片外线上创建剪口，用于提升缝纫的准确性。

（8）【缝份】。可按照需要在板片上创建缝份。

（9）【比较板片长度】。可通过临时对齐板片，实时比较不同板片上两段线段的长度。

2. 缝纫与明线工具

（1）【编辑缝纫线】。可选择及移动缝纫线。

（2）【线缝纫】。可在线段（板片或内部图形、内部线上的线）之间建立缝纫线关系。长按下拉还包括【M∶N线缝纫】工具，如图6-26所示。

（3）【自由缝纫】。可更自由地在板片外线、内部图形、内部线间创建缝纫线。长按下拉还包括【M∶N自由缝纫】工具，如图6-27所示。

（4）【检查缝纫线长度】。可检查缝纫线长度差值。通过检查缝纫线长度差值，可以避免在穿衣过程中的一些错误，还可改进服装。

（5）【编辑明线】。可编辑明线位置或长度。

图6-26　线缝纫工具栏

图6-27　自由缝纫工具栏

（6）【线段明线】。可按照线段（板片或者内部图形的线段）来生成明线。长按下拉还包括【自由明线】【缝纫线明线】工具，如图6-28所示。

3. 褶皱工具

（1）【编辑缝纫褶皱】。可编辑缝纫褶皱线段的位置和长度。

（2）【线缝纫褶皱】。可在板片外轮廓、内部线段上生成线段缝纫褶皱。长按下拉还包括【自由缝纫褶皱】【缝合线缝纫褶皱】工具，如图6-29所示。

图6-28　线段明线工具栏

（3）【褶裥】。在板片上创建出所需的褶裥形状。长按下拉还包括【翻折褶裥】【缝制褶裥】工具，如图6-30所示。

图6-29　线缝纫褶皱工具栏

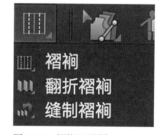
图6-30　褶裥工具栏

4. 纹理工具

（1）【编辑纹理】。可修改板片应用织物的丝缕线方向和位置，还可修改织物的大小及旋转织物的方向。

（2）【调整贴图】。可选择和移动贴图。

（3）【贴图】。可给板片的局部区域添加图片，此功能常用于表现印花、刺绣或商标等细节。

5. 其他辅助工具

（1）【归拔】。可像使用蒸汽熨斗一样收缩或拉伸面料。

（2）■【粘衬条】。可在模拟时，对板片外线添加粘衬条可加固板片，并防止其因重力作用而下垂。

（3）■【设定层次】。可在【2D板片】窗口，设定两个板片之间的前后顺序关系，使3D服装的模拟更加稳定，如风衣、夹克等。

（4）■【编辑注释】。可移动、删除【2D板片】注释。

（5）■【板片标注】。可根据需要在【2D板片】窗口插入标注。长按下拉还包括【板片标志】工具，如图6-31所示。

（6）■【编辑放码】。可编辑板片上的放码信息。长按下拉还包括【编辑曲线放码】【编辑放码（单个）】【编辑曲线放码（单个）】工具，如图6-32所示。

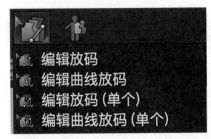

图6-31　板片标注工具栏　　　图6-32　编辑放码工具栏

（7）■【自动放码】。可根据虚拟模特的尺寸自动为板片放码。该功能只适用于CLO模特。

（8）■【编辑测量点】。可用于移动或删除测量点。

（9）■【测量点】。可创建测量点以检查2D板片、内部图形、贴图等特定部分的测量值。

二、【3D工作】窗口工具

　　【3D工作】窗口的工具栏默认位于3D窗口的顶端，用户可以根据自身需求将工具栏拖拽至【3D工作】窗口的其他位置，如图6-33、图6-34所示。其中包括多个子工具栏，即【模拟】工具栏、【服装品质】工具栏、【选择】工具栏、【编辑】工具栏、【假缝】工具栏、【安排】工具栏、【缝纫】工具栏、【动作】工具栏、【虚拟模特测量】工具栏、【纹理/图形】工具栏、【熨烫】工具栏、【纽扣】工具栏、【拉链】工具栏、【嵌条】工具栏、【贴边】工具栏、【3D笔（服装）】工具栏、【3D笔（虚拟模特）】工具栏、【服装测量】工具栏。运用这些工具，可以完成对三维服装的缝纫、模拟、纹理、测量等操作，由于【3D工作】窗口与【2D板片】窗口的部分工具功能相同，此处不再重复介绍。

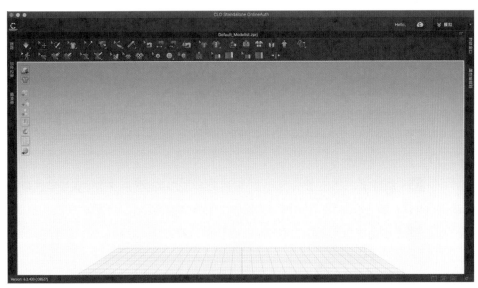

图6-33　3D工作窗口

图6-34　3D工作窗口工具栏

1. 模拟设置及安排工具

（1）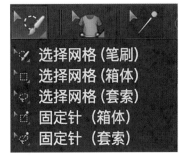【模拟】。是一个开关式按钮，分别为激活和未激活状态。长按下拉还包括【试穿（面料属性计算）】工具，如图6-35所示。

（2）【选择/移动】。可在【3D工作】窗口中选择及移动所需要的板片。

（3）【选择网格】。可在【3D工作】窗口中自由选择一个网格区域，并进行拖动。长按下拉还包括【选择网格（笔刷）】【选择网格（箱体）】【选择网格（套索）】【固定针（箱体）】【固定针（套索）】工具，如图6-36所示。

图6-35　模拟工具栏

图6-36　选择网格工具栏

（4）【编辑造型线】。在保持服装形态不变的情况下移动点和线可以轻松地编辑3D服装造型线。长按下拉还包括【缩放造型线】【移动造型线】【绘制造型线】工具，如图6-37所示。

（5）【折叠安排】。为了更好的效果，可在激活模拟前折叠缝份，领子及克夫。

（6）【折叠3D服装（全部板片）】。可使3D服装易折叠。

（7）【重置2D安排位置（全部）】。可展平并按照【2D板片】窗口中的安排在【3D工作】窗口中安排板片。

（8）【重置3D安排位置（全部）】。可将全部或选择的板片安排位置重新恢复到模拟前的位置，使用此工具可解决部分模拟后出现问题的情况。

（9）【自动穿着】。可根据虚拟模特的尺寸穿着3D服装。该功能只适用于CLO3D内自带的虚拟模特。

（10）【提高服装品质】。可提高服装品质以强调服装的真实性和更高的品质；另外，还可以加快调整速度。长按下拉还包括【降低服装品质】【自定义服装品质】工具，如图6-38所示。

图6-37　编辑造型线工具栏　　　　图6-38　提高服装品质工具

（11）【熨烫】。可用来制作一个熨烫过的效果，尤其是在两个叠在一起缝纫的板片边缘处。

2. 缝纫相关工具

（1）【编辑假缝】。可调整假缝位置及假缝针之间线的长度，或者是删除不需要的假缝。

（2）【假缝】。可在已着装的服装上，任意选择区域后，临时掐褶调整合适度。长按下拉还包括【固定到虚拟模特上】工具，如图6-39所示。

图6-39　假缝工具栏

（3）【自动缝纫】。可根据 Avatar 上安排的信息自动缝纫板片。

3. 辅料工具

（1）【选择/移动纽扣】。可按需求移动纽扣。

（2）【纽扣】。可创建纽扣并按需要放置。长按下拉还包括【扣眼】工具，如图6-40所示。

图6-40　纽扣工具栏

（3）【系纽扣】。可系上或解开纽扣和扣眼。

（4）【拉链】。可方便快捷地生成并表现拉链。

（5）【编辑嵌条】。可编辑嵌条长度、属性、状态。

（6）【嵌条】。可在线缝处创建嵌条。

（7）【选择贴边】。可编辑贴边属性。

（8）【贴边】。可简单地沿着板片外线创建贴边。

4. 测量检查工具

（1）【编辑测量（虚拟模特）】。可编辑虚拟模特测量。长按下拉还包括【贴覆到虚拟模特测量】工具，如图6-41所示。

（2）【基本长度测量（虚拟模特）】。可测量虚拟模特的周长、长度和高度。并且提供了两种方法，一是基于虚拟模特的突出部分测量，二是基于虚拟模特表面的曲率测量。长按下拉还包括【圆周测量（虚拟模特）】【表面圆周测量（虚拟模特）】【表面长度测量（虚拟模特）】【直线测量（虚拟模特）】【高度测量（虚拟模特）】工具，如图6-42所示。

图6-41　编辑测量（虚拟模特）工具栏

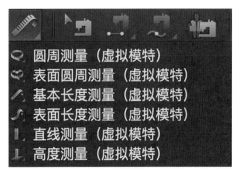

图6-42　基本长度测量（虚拟模特）工具栏

（3）【编辑测量（服装）】。可编辑服装测量。

（4）【直线测量（服装）】。可测量3D服装的长度和圆周。长按下拉还包括

【圆周测量（服装）】工具，如图6-43所示。

5. 3D画笔工具

（1）【编辑3D画笔（服装）】。可编辑在3D服装上创建的线。

（2）【3D笔（服装）】。可以在3D服装上直接画线。

图6-43　直线测量（服装）工具栏

（3）【3D基础笔】。可根据屏幕而不是服装表面自由绘制基础线。

（4）【编辑画笔（虚拟模特）】。可在虚拟模特上编辑线。

（5）【3D笔（虚拟模特）】。可在虚拟模特表面画线并将其变为板片。

第五节　试穿实例操作

富怡CADV10.0通过转换可以将富怡系统中的文件转化为通用的AAMA/ASTM格式文件。通用的格式可以导入CLO3D中，实现2D与3D的转换，更为生动地展现出服装的虚拟穿着效果。在CLO3D平台进行服装设计的流程为：

第一步，建立参数化的人体模型，即人体模型能随人体尺寸数据改变，初始人体模型的数据可通过量体来获得。

第二步，在富怡CAD软件的V10.0版本内绘制2D服装基础样板，虚拟缝合到人体模型上，生成符合人体的三维服装模型，再通过反复交互修改进行三维服装设计效果的有效检查。

第三步，进行面料配色，调整面料属性进行服装的舒适度检测。

第四步，对虚拟服装进行静态及动态展示。

一、样板转化过程

在上文介绍了CLO3D的工作界面及基本的工作操作方法之后，下文将讲述如何将服装CAD导出的样板文件导入CLO3D的操作过程。

1. 导入　CLO3D的文件菜单与其他软件的内容相似，都是一些较为常规的选项，其中【新建】【打开】【保存】【另存为】与其他常用软件的功能相同。

但是CLO3D与其他软件不同的一点是导入的文件类型丰富多样，包含服装、板片、模特、姿势、舞台及项目等，其中项目文件是指一个完整的虚拟试衣的所有数据，囊括了前面提到的服装、模特、动态与舞台等。

　　导入服装板片文件的具体操作，需要先点击文件中的【导入】，如图6-44所示，而【导入（增加）】则指的是在项目已有内容的前提下新增导入的内容不对已存在的内容产生影响。

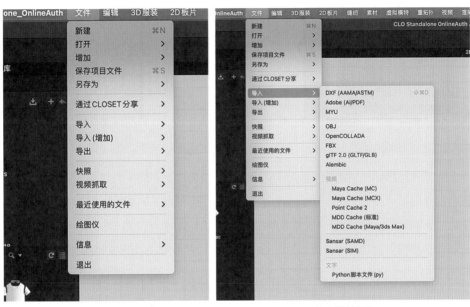

（a）导入 DXF 文件　　　　　　　　　　　　（b）选择文件

图6-44　文件导入

　　点击【导入】后的子菜单 CLO3D 所能兼容的文件类型丰富多样，对于初学者来说需要掌握的主要导入文件类型为服装纸样文件 DXF（AAMA/ASTM），以及虚拟模特、附件及服装三维数据文件 OBJ。

　　2. DXF（AAMA/ASTM）文件　通过上文可以得知 DXF（AAMA/ASTM）是专门用于服装纸样数据传输的数据媒介，该类型的文件通常储存有服装纸样的相关数据信息，可以从大多数服装纸样设计 CAD 软件中产生、导入及导出。读者可以利用富怡 V10.0 软件进行服装纸样的设计与变化，纸样完成后，按照上文操作将纸样导出为 DXF 格式的文件。然后导入 CLO3D 系统中进行虚拟缝制和试衣操作。在 CLO3D 的【导入】后的子菜单中选择 DXF（AAMA/ASTM），点击所需要导入的 DXF 的文件后弹出【导入 DXF】菜单，如图6-45所示，包含基本与选项两大选项，可以根据需求点选。在点击【确认】后则会在 2D 与 3D 窗口中显示导入的板片。

（a）导入DXF文件

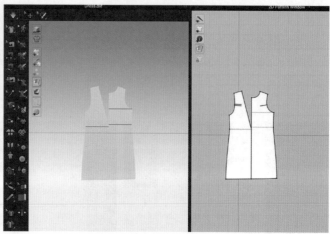
（b）显示样片

图6-45　2D、3D显示样板

3. OBJ文件　OBJ文件是Alias Wavefront公司为它的一套基于工作站的3D建模和动画软件"Advanced Visualizer"开发的一种标准3D模型文件格式，很适合用于3D软件模型之间的互导。目前几乎所有知名的3D软件都支持OBJ文件的读写，不过其中很多需要通过插件才能实现。OBJ文件是3D软件的中转文件类型，用户可以利用3D软件创建自己的虚拟模特、服饰配件甚至服装，导出OBJ格式文件，再导入CLO3D软件中进行虚拟试衣。

点击【文件】后选择【导入】再点击【OBJ】后，系统会弹出【导入OBJ】的对话窗口，如图6-46所示。在【导入OBJ】的对话窗口中，加载类型和比例选项与导入DXF文件所具有的含义相同，【对象类型】主要涵盖以下四个选项。

（1）【虚拟模特】。选择【虚拟模特】会将导入的虚拟模特替换掉原来的，勾选自动生成安排点的话，在虚拟模特导入后会自动生成安排点和安排板。

（2）【附件】。"导入为附件"功能用于将一个OBJ文件读取为附件，OBJ文件作为附件导入后，在试衣时不会进行冲突处理，存在穿透服装的风险。

（3）【服装】。此选项会将导入的OBJ文件读取为3D服装。如果此时选中在UV图中勾勒2D板片，则系统将基于UV图信息生成2D板片。

（4）【场景&道具】。会改变虚拟模特的动作姿势，如果指定动作不能够满足用户需求的话可以点击【虚拟模特尺寸编辑器】或是【显示X-Ray关节点】来调整虚拟模特的姿势。

在选择完所需要的数据类型后点击确定就会在窗口处显示OBJ文件，如图6-47所示。

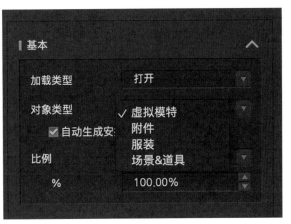

（a）导入 OBJ 文件　　　　　　　　　（b）选择虚拟模特

图 6-46　导入虚拟模特步骤

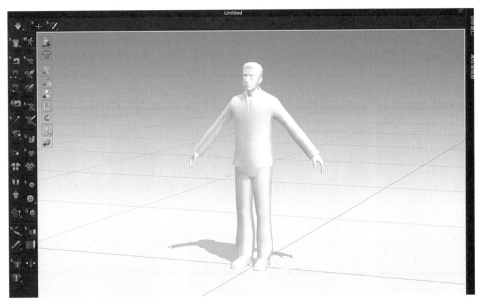

图 6-47　3D 窗口虚拟模特展示

二、虚拟服装试穿实践操作

在详细地介绍了样板的转化以及了解如何将 DXF 纸样导入 CLO3D 中后，就需要进行实践步骤的操作，在实践过程中，主要对无袖连衣裙、T 恤、女西裤及旗袍这四类服装进行详细的实践操作演示。

1. 无袖连衣裙　对于初学者来说，基础板型的连衣裙是最适合用户熟悉软件的板型。接下来会通过详细的教程使读者对 CLO3D 中的虚拟试衣的基本流程与方法有初步的了解。具体操作步骤如下。

（1）新建项目，打开虚拟模特。在打开 CLO3D 软件之后，系统会显示出空白界面，需要手动导入项目或是文件。首先点击主菜单中的【文件】下的【新建】，开始一个新的试衣项目。通过上文可知，在系统主界面左上角的库中有【Avatar】（虚拟模特）项，双击该选项后，在下方窗口中则会相应地显示系统中自带的虚拟模特，如图 6-48 所示。点击第一个模特【Female_V2】进入子菜单选项，在这一菜单栏中包含了头发、姿势、鞋子、尺寸及安排点等多个文件。双击最后一项【FV2_Female_.avt】虚拟模特后，系统界面上的 3D 窗口就会显示该虚拟模特，如图 6-49 所示。

（2）导入连衣裙的板片。点击主菜单中的【文件】下的【导入】，子菜单栏的【DXF（AAMA/ASTM）】后选择需要导入的 DXF 文件，完成板片的导入后会在 2D 与 3D 界面中都显示出板片，一共有两个板片。将鼠标移入窗口，转动鼠标中键，窗口的显示区域将会放大或缩小。按下鼠标中键，并移动鼠标，工作窗口的可视区域将会随鼠标上下左右移动。

（3）调整板片位置。在进行模拟之前，需要将服装的所有板片均放置在虚拟模特身体的适当位置，只有当各个板片的摆放位置与实际穿着时的相对位置基本一致时，才

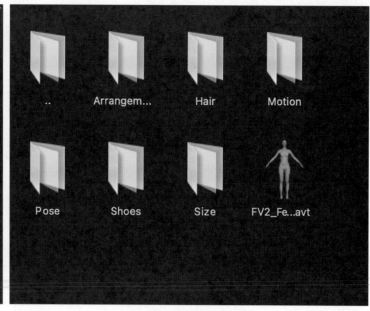

（a）打开 Avatar 文件　　　　　　　　　（b）选择需要的虚拟模特

图 6-48　选择打开虚拟模特

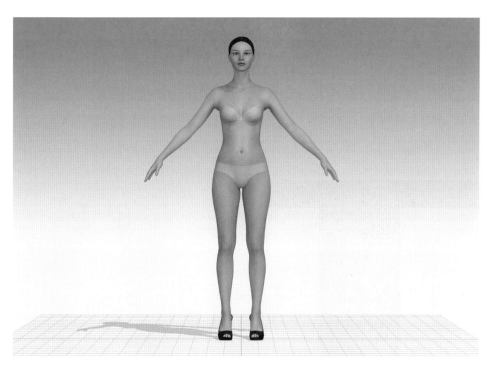

图6-49　3D工作窗口展示虚拟模特

会使服装的模拟试衣更为正确有效。在【3D工作】窗口中，可以利用 【选择/移动】工具来移动板片。将样片调整到适当的位置，在大多数情况下，利用"安排点"来排列板片是最方便快捷的方法。

　　由于导入的连衣裙板片仅仅只有半片，因此需要先将板片展开成完整的连衣裙板片才能进行穿着。先使用2D窗口中的 【编辑板片】工具点击前片的中线，左键选中的中线呈现鲜亮的黄色，如图6-50所示，再在中线上右键点击显示出菜单，在菜单中选择【对称展开编辑（缝纫线）】后板片的另一半也会补充完整。

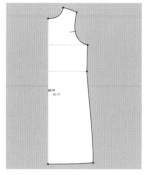
（a）选择样板

（b）选择对称展开编辑

（c）复制后样板

图6-50　对称展开编辑样板

也可以在富怡CAD软件中直接对称复制好所有样板，直接导入CLO3D虚拟试衣软件内。

后片的补充方式不同于前片，后片是独立的两片设计，因此操作不同于前片，需要用2D窗口中的【板片选择工具】选择后片后，右键点击板片出现工具菜单点击【对称板片（板片和缝纫线）】，如图6-51所示，就会显示出后片的板片，将板片放置在合适的位置。

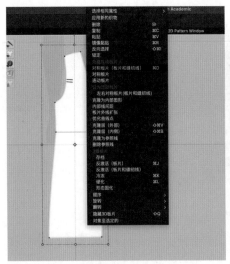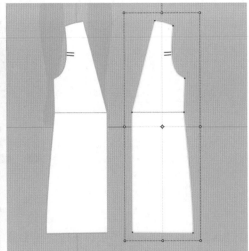

（a）对称样板　　　　　　　　　　　（b）对称复制后样板

图6-51　对称板片（板片和缝纫线）复制样板

在补充完整连衣裙的板片之后，板片有可能会挡住【安排点】，不方便进行【安排点】的操作。因此请先利用 【移动】工具，将板片移动至不遮挡虚拟模特的位置。然后在【3D工作】窗口的任意空白区域单击鼠标左键，取消板片的选择。按键盘的［C］键，在【3D工作】窗口的虚拟模特周边将显示出蓝色的【安排点】，如图6-52所示。

在【3D工作】窗口中，左键点击后选择板片然后移动鼠标至"安排点"，当鼠标移至蓝色安排点上时，系统会以透明的暗色形式预示板片的放置方式。连衣裙的前片放置在前方靠近腹部的位置比较合适。单击该安排点，则该前片放置完成。按同样方法，选择连衣裙的后片，利用安排点方式，放置在模特身体的后侧。无袖连衣裙的板片放置完毕如图6-53所示。

（4）创建缝纫线。在3D窗口完成板片的穿着之后，需要在【2D板片】窗口中创建缝纫线。在【2D板片】窗口中，利用鼠标中键的功能对工作区进行放大和移动，以方便对前片和后片进行缝纫操作。在【2D板片】窗口选择 【线缝纫】工具，将鼠标

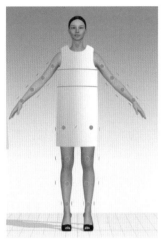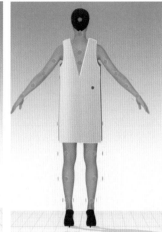

图6-52 安排点正、侧、后视图

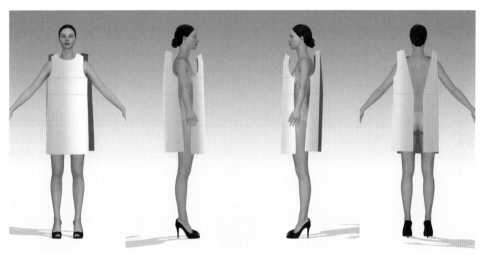

图6-53 放置样片

移至一个前片的前中线上,此时该线会变亮呈现亮蓝色,同时在该线段上、在靠近鼠标位置的一端附近,会显示出一个类似剪口的小线段,同时在线的旁边位置显示出线段的长度值,单击鼠标选择该线,移动鼠标至另一前片的对应线上时,同样会出现一个类似剪口的小线段,同时在线的旁边位置会显示出线段的长度值,如图6-54所示。

两条侧缝需要缝合在一起,侧缝上的这两个类似剪口的小线段表示进行缝合的方向,如图6-55所示。沿线移动鼠标时,缝合方向会发生变化。确定缝合方向一致后,单击鼠标左键完成侧缝缝纫线的创建。同理,利用 【线缝纫】工具,创建两个后片的后中线的缝纫线。最终完成的效果如图6-56所示。

(5)虚拟试衣。在【3D工作】窗口可以按下鼠标右键移动鼠标,旋转【3D工作】

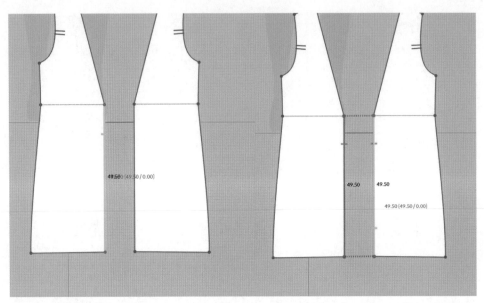

图 6-54　线缝纫步骤

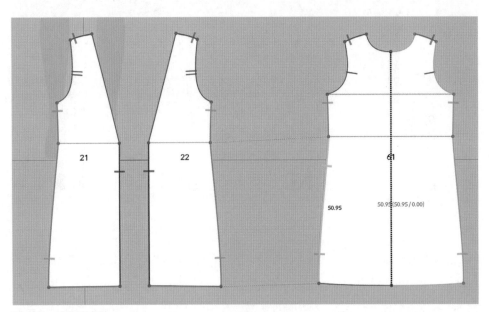

图 6-55　线缝纫过程

窗口的显示视图，观察服装缝纫得是否正确。当确定服装的所有缝纫线均已准确无误后，按【3D工作】窗口上端的 ⬇【模拟】工具进行试衣模拟。系统将根据创建好的缝纫线关系，将服装样片进行缝纫并模拟穿着效果。一段时间后，当服装穿着在模特身上，并不再有明显变化后，说明试衣模拟已基本完成，可以再次单击 ⬇【模拟】工具，使 ⬇【模拟】工具退出激活状态。无袖连衣裙的试衣模拟效果如图6-57所示。

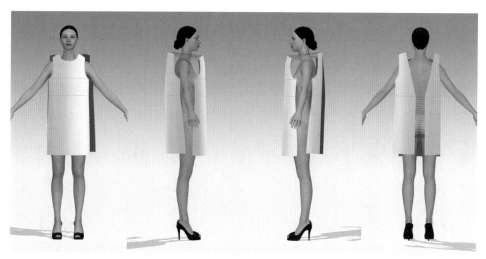

图 6-56　3D 缝纫线展示

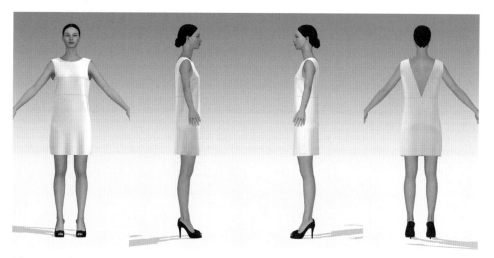

图 6-57　无袖连衣裙试衣模拟效果

2. T 恤

本节通过对 T 恤缝制、虚拟试穿来进行练习，利用简单的样板训练调整模特尺寸，操作常用缝纫、模拟等工具，以此来达到学会虚拟试穿的效果。具体操作步骤如下。

（1）打开项目，导入虚拟模特。打开 CLO3D 软件并创建一个新的项目，导入女性虚拟模特"Female_Martin"。在图库中双击【Avatar】默认文件夹，在 3D 窗口内就会显示出女性虚拟模特。T 恤样板的尺寸为身高 165cm，胸围 88A，因此需要先调整好虚拟模特的尺寸。在【虚拟模特】—【虚拟模特编辑器】内修改模特的"整体尺寸"，如图 6-58 所示，修改后退出窗口即可。

（2）缝纫样板。导入 DFX 软件，将样片在 2D 窗口内框选样板，放在灰色模特阴影附近，样板是在富怡CAD软件中制作完成后，输出AAMA/ASTM的DXF格式，如图6-59所示。在菜单栏内【文件】内打开【导入】中的【DFX】格式，找到对应的文

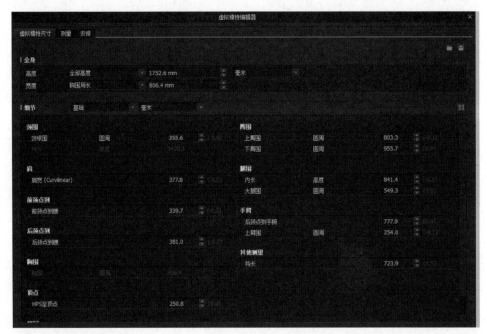

图6-58　虚拟模特编辑器

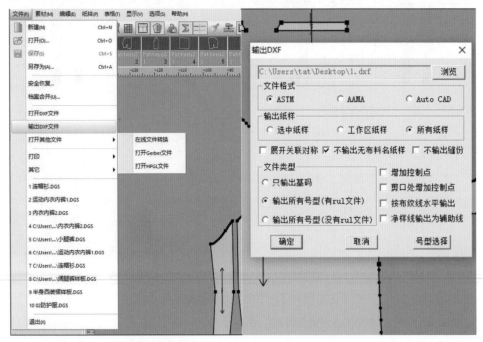

图6-59　输出T恤文件保存成ASTM格式

件。弹出对话框，在【比例】中选择【厘米】，点击【确认】，完成样板导入的步骤，该T恤的上衣共有4种样板片，包括前片、后片、袖片、领片，如图6-60所示，CLO3D虚拟试衣2D窗口样板如图6-61所示。

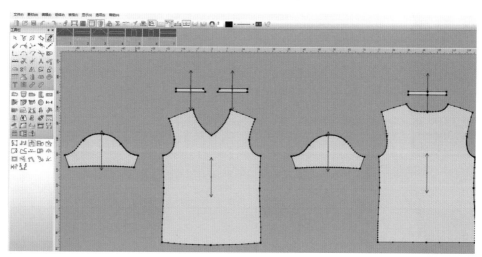

图6-60　服装CAD样板窗口

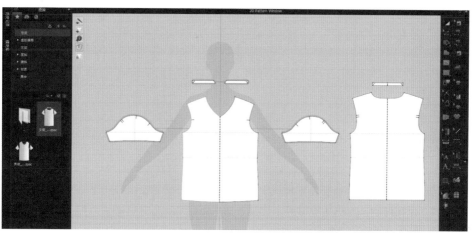

图6-61　2D窗口显示样板

（3）缝合服装样片。缝合【侧缝线】，对好前后片的侧缝线后，直接使用 ⬛【线缝纫】工具分别进行缝纫，通过前文中的操作步骤，读者可自行尝试 ⬛【线缝纫】【自由缝纫】工具来对侧缝线进行缝合。使用【侧缝线】工具把对应的前后片肩线缝合，注意缝合方向，两个肩线缝合完成。同样使用【侧缝线】工具，把袖片与大身、领片进行缝合，如图6-62、图6-63所示。

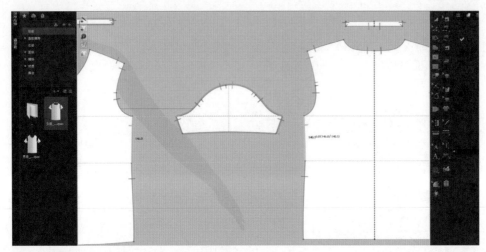

图 6-62　侧缝线缝纫过程

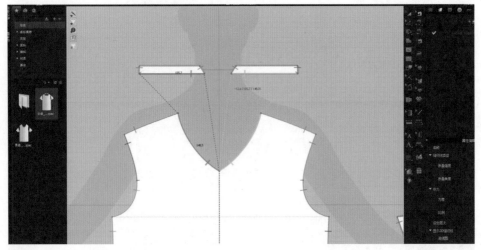

图 6-63　2D 板片窗口工具

（4）模拟试穿。点击【安排点】工具，安排好前片、后片、领片、袖片，使用 【选择/移动】工具点击 【模拟】工具，直接进行试穿。

使用 【移动】工具，将板片移动至不遮挡的蓝色的【安排点】的虚拟模特的位置。然后在【3D 工作】窗口的任意空白区域单击鼠标左键，将样板移动到对应的部位。通过方向确认前后片的位置，如图 6-64 所示。

在点击 【模拟】之后可在【3D 工作】窗口内右击调整服装，还可通过压力图和应力图来辅助调整，使服装在感官上更加合体，如图 6-65 所示。

（5）设置与调整。

①设置织物：服装模拟时可以通过图库中的面料选项选择想要的面料，如图 6-66

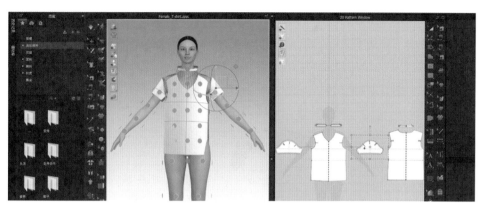

图 6-64 安排点调整样板方向

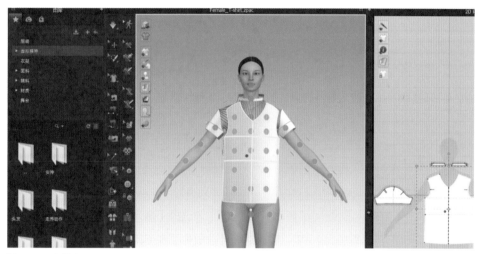

图 6-65 安排点

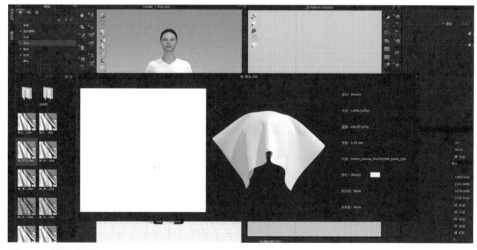

图 6-66 设置面料

所示，T恤可以选用棉质面料。在主界面的库内选择合适的面料，双击【面料】。左击选择的面料后可直接拖拽至【3D工作】窗口内，即可获取想要的面料效果。

②最终模拟：换好服饰面料后再激活，调整虚拟模特姿态，可选择直立的姿势，最终的虚拟试穿效果图如图6-67所示。

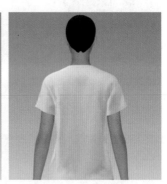

图6-67　最终效果

3. 女西裤虚拟试穿　本节通过女西裤的虚拟试衣，在巩固基本操作和常用工具的同时，了解板片的镜像粘贴功能，进一步熟练板片在【3D工作】窗口的空间移动，了解模拟激活状态下的板片调整及板片之间的内外层关系，掌握纽扣、扣眼及明线的设置与编辑。

（1）新建项目，打开虚拟模特根据上文描述新建项目，并导入虚拟模特。

（2）导入女西裤的板片。本节所使用的纸样文件为"女西裤.DXF"。通过菜单导入该纸样文件，在导入DXF对话窗口中，【比例】项选择【毫米】，并且要勾选【选项】中的【将基础线勾勒成内部线】项。导入的板片摆放如图6-68所示。

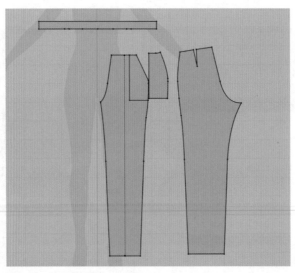

图6-68　导入女西裤DXF文件

（3）调整板片位置。在【3D工作】窗口，利用 【选择/移动】工具，选中裤子的前片及侧袋片并移至超前，并分辨其调整排列形式。在板片的选择过程中，如果在【3D工作】窗口选择不方便，也可以换成【2D板片】窗口，利用【调整板片】工具来选择，在【2D板片】窗口选中后，在【3D工作】窗口也会同时选中。

（4）复制板片。在【2D板片】窗口，利用【调整板片】工具选中需要复制的前后片、侧袋片，右键点击板片出现工具菜单点击【对称板片（板片和缝纫线）】，如图6-69（a）所示，就会显示出后片的板片，将板片移至【2D板片】窗口的适当位置后，单击鼠标放下板片。

【镜像粘贴】的板片在【3D工作】窗口中的前后位置与原板片相同，只需要同时选中，在【3D工作】窗口利用【选择/移动】工具同时移至身体的相应位置即可，如图6-69（b）所示。

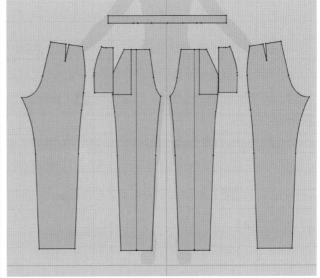

（a）调整样板　　　　　　　　　　　　（b）镜像粘贴样板

图6-69　调整样板

（5）缝合板片。在【2D板片】窗口，利用【调整板片】工具将2个腰片分别移动至方便与裤片缝合的位置。由于腰片在纸样设计时已设置了必要的剪口，对位十分方便，因此只需利用【线缝纫】工具就可以完成。同理，将另一侧的腰片与裤片对应的前、后片缝合。

缝合完毕后需要在3D窗口中进行板片位置的摆放，按［SHIFT+F］键显示安排点，将3D窗口视图转为半侧视图，以方便腰片的安排操作。2个腰片通过虚拟模特腰侧的2个安排点，分别排列在腰的左右位置，其他的板片也摆放在合适的位置，如图6-70所示。按［SHIFT+F］键可以关闭【安排点】显示。运用【线缝纫】与【自由缝纫】工具进行缝纫。

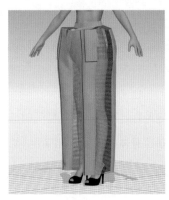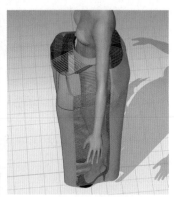

图6-70　缝合样板

（6）虚拟试衣与调整。最后进行模拟，得到女西裤的3D窗口虚拟试衣效果图。通过各个视图，检查所有的缝纫线是否正确。

如果发现不正确的缝纫线，可以利用 【编辑缝纫线】工具进行编辑或删除，再重新创建缝纫线。

当确定女西裤板片的所有缝纫线均已准确无误后，按 【模拟】工具，激活模拟工具进行试衣模拟。当模拟处于激活状态时，如果服装局部不够平整，可以利用【3D工作】窗口的 【选择/移动】工具轻轻拉扯板片，模拟效果如图6-71所示。

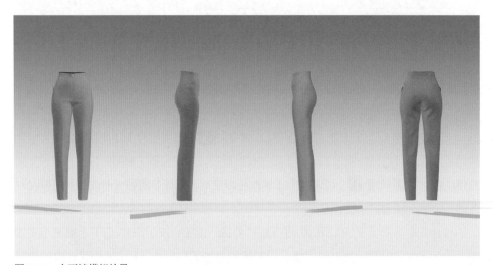

图6-71　女西裤模拟效果

模拟完成后，退出【模拟激活】状态。至此，女西裤的缝纫及初步模拟已完成，可以进行项目保存，防止在后续的操作过程中出现问题。

4. 水滴领旗袍　首先按照常规操作先新建项目，打开虚拟模特。打开菜单【虚拟模特】下的【虚拟模特编辑器】窗口，修改虚拟模特整体尺寸中的总体高度和胸围数值。可以根据纸样调整模特的尺寸。

本节所使用的旗袍纸样文件为"旗袍.DXF"。通过菜单导入该纸样文件，导入的旗袍纸样如图6-72所示。该旗袍文件共包含5个板片，即1个前片、2个后片和2个袖片。

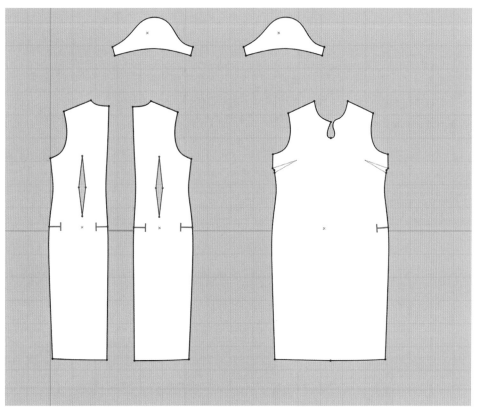

图6-72　2D窗口旗袍纸样界面

（1）省道处理。旗袍纸样中的省道产生的布料需要进行删除处理，预防合省后的省内面料外露。在2D窗口处点击　【勾勒轮廓工具】选择省道的四条边线，使边线呈现亮黄色后右击显示【子菜单】窗口后点击【切断】，切断后的省道呈现独立存在，如图6-73所示。删除独立而出的省道则完成了省道的处理。

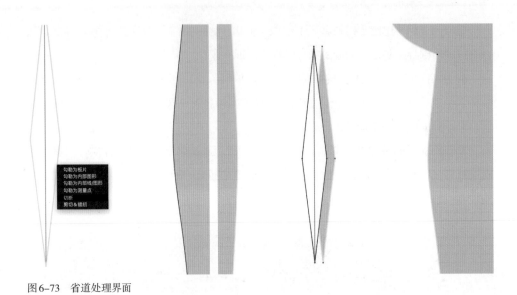

图6-73　省道处理界面

　　胸省的处理略有不同，只需选择两条边线后按照上文中的步骤操作，形成独立存在的省道后进行删除即可。

　　（2）缝合省道。首先进行省道的缝合，选择在【2D板片】窗口，利用 ▨【自由缝纫】工具分别将前、后板片的4个腰齿缝合，利用 ▨【线缝纫】或 ▨【自由缝纫】工具将前片的腋下省缝合，如图6-74所示。

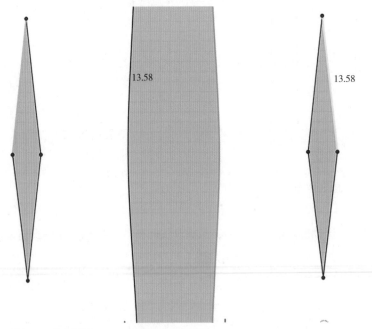

图6-74　缝合省道

（3）缝合其他板片。在【2D板片】窗口，可以利用【线缝纫】或 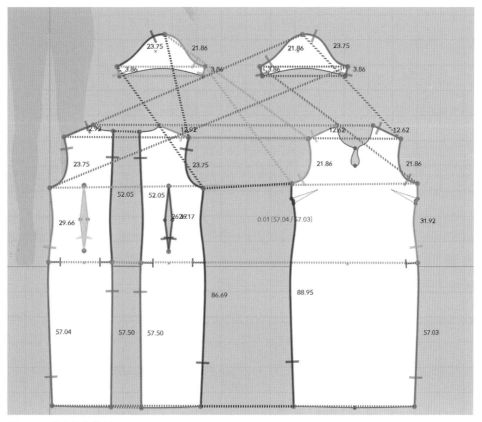【自由缝纫】工具进行其他板片的缝纫。首先将两个后片通过 【线缝纫】工具缝合后片中缝，再将后片与前片缝合在一起。利用 【自由线缝纫】工具缝合袖片，最后的2D窗口缝合效果，如图6-75所示。

图6-75　缝合旗袍样板

（4）调整板片位置。在【3D工作】窗口，通过［SHIFT+F］的快捷键快速显示虚拟模特身上的蓝色安排点，点击 【选择】工具选择板片，放在【3D工作】窗口中，左键点击选择板片然后移动鼠标至【安排点】，当鼠标移至蓝色安排点上时，系统会以透明的暗色形式预示板片的放置方式。旗袍的前片放置在前方靠近腹部的位置比较合适。单击该安排点，则该前片放置完成后如图6-76所示。按同样方法，选择连衣裙的后片，利用安排点方式，放置在模特身体的后侧。两片袖子的位置根据每个安排点的摆放位置选择更为合适的，至此水滴领旗袍的板片放置完毕。

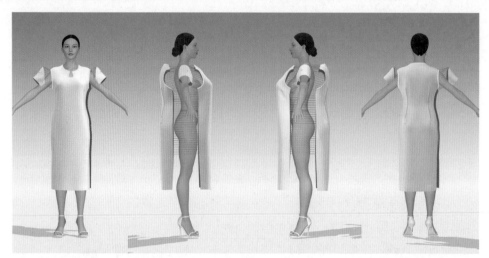

图6-76 水滴领旗袍的板片放置图

（5）虚拟试衣。在完成操作后，观察服装缝纫得是否正确。当确定服装的所有缝纫线均已准确无误后，按【3D工作】窗口上端的 ⬇【模拟】工具进行试衣模拟。系统将根据创建好的缝纫线关系，将服装样片进行缝纫并模拟穿着效果。完成后可以再次单击 ⬇【模拟】工具，使 ⬇【模拟】工具退出激活状态。水滴领旗袍的试衣模拟效果如图6-77所示。

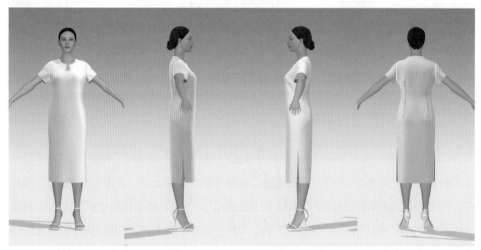

图6-77 旗袍虚拟试衣正、侧、背面展示

（6）添加图案。在完成 ⬇【模拟】之后，可以为服装添加上图案，可以将图案导入文件库中，从文件库将图案直接拖入服装板片中显示，如图6-78所示，便捷的操作为服装图案的转换提供了方便。

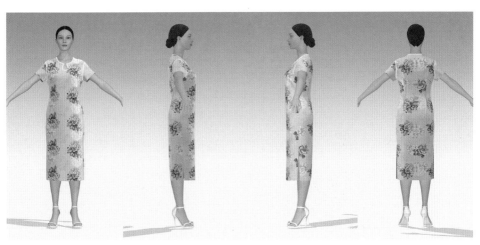

图6-78　设置面料后的旗袍虚拟试衣展示

本章小结

■ 本章主要针对三维虚拟试衣软件的使用进行了详细的介绍，此处为服装CAD教程中的知识拓展部分，首先介绍了服装CAD系统数据的格式与转换，这也是服装CAD系统与虚拟试衣软件的互动部分，只有完成数据转换，才能再次将制作好的纸样置入虚拟试衣软件内。

■ 对试衣系统做了相应介绍，并对虚拟服装压力测试、主要工作界面进行了简要的陈述。对主要的【2D板片】窗口、【3D工作】窗口进行了介绍。

■ 通过对基础款的服装样板转化、虚拟服装试穿的操作技巧进行了详细的介绍，其中样板包括原型裙、上衣、西裤、水滴形旗袍，对其试穿操作步骤做了详细介绍，方便学生更熟悉地掌握虚拟试衣软件。

练习与思考

1. 简述在CLO3D虚拟试衣过程中在制板过程中的如何运用技巧导入ASTM格式的文件。

2. 请将第三章绘制出的第八代日本文化式女装原型上衣穿至对应尺寸的虚拟模特身上，并简述虚拟服装试穿的缝纫步骤。

3.简述CLO3D虚拟试衣中编辑模特尺寸的工具。

4.简述虚拟试衣软件的未来发展趋势。

第七章
实例参考及CAD作品鉴赏

课程名称：实例参考及 CAD 作品鉴赏

课题内容：服装 CAD 创意设计纸样实例

　　　　　CLO3D 创意设计虚拟试衣鉴赏

课题时间：4 课时

教学目的：开拓学生视角与设计维度，将较为成熟的创新服装的 2D 纸样在富怡 CAD

　　　　　中展现，并在虚拟试衣软件中进行 3D 体现

教学方式：使用电脑工具熟悉服装 CAD 软件和 CLO3D 虚拟试衣软件

教学要求：1. 学习具有设计感和创新度的服装款式 CAD 纸样

　　　　　2. 学习创意设计虚拟试衣服装

　　　　　3. 尝试设计一款创意虚拟服装

课前（后）准备：课后准备设计一款创新服装纸样并导入虚拟试衣软件中

　　本章以创意纸样及虚拟服装作品赏析为主，其中创意服装纸样部分以两个系列服装为例，为设计创意纸样提供一定数据参考。

　　近几年，服装 CAD 的应用在逐渐扩展，随着元宇宙时代的到来，服装数字化设计师的需求越来越大，这是数字化服装行业发展的必然趋势。为了适应当下的数字化生态，实现数字化产业链上下游的共创，打造数字化 CAD 品类创新，捕捉未来市场需求信号，识别和强化当今中国文化，服装三维试衣与展示等能很好地应对数字化时代跨境服装设计的发展。

　　将服装 CAD 与虚拟试衣相结合，是一种在数字化服装行业较为常见的利用方式。虚拟试衣，在产品上新方面，可缩短上新周期，减少实物打样，降低打样开支，采用高仿真渲染出图，可提高上新效率；在展示方面，面料质感高清仿真，面料展示立体直观，3D 效果可提高展销效率；在成衣效果方面，面料商可快速向客户展示 3D 成衣效果，自由切换色彩及花型，实现快速在线设计沟通，降低研发成本；在移动分享与线上数据方面，可在线生成 3D 面料，自动完成多种渲染效果，令海量面料得以直观呈现和云端存储。对纸样进行创新设计，并进行虚拟服装试穿研究是数字化服装不可或缺的一部分，本章提供相应作品作为参考。

第一节　CAD创意设计纸样实例参考

　　为提升工作效率，服装企业一般会根据基本款式进行创新，我们可以针对不同的服装设计主题，在基础服装原型上进行二次创新设计，从而绘制出新的纸样。以下为创意纸样设计实例，展示系列服装效果图及款式图、基本服装数据，以及使用富怡 CAD 绘制出的创新纸样。

一、创意服装设计纸样系列一

　　本系列设计主要的灵感来源于独具江南特色的油纸伞，在图案设计与款式设计中融入油纸伞、褶皱等元素，色彩上采用米黄和黄灰色的搭配，呈现江南烟雨的感觉。面料上运用多种不同肌理进行层次的对比，工艺上选用刺绣、印花、压褶等增加细节变化，使系列整体更富有东方韵味，能呈现出"梦入江南烟水路，行尽江南，不与离人遇"的意境。

　　1. 创新设计纸样款式一　创新设计纸样款式一中包括收领长袖、一片裙、压褶短外套三件服装。该创新设计款式以不对称的方式呈现，压褶短外套融入了油纸伞中的扇形结构并搭配压褶面料进行拼合，半身裙采用一片式的东方裁剪方式且加入手工扎染工艺，从而增加整体的视觉效果，如图7-1所示。

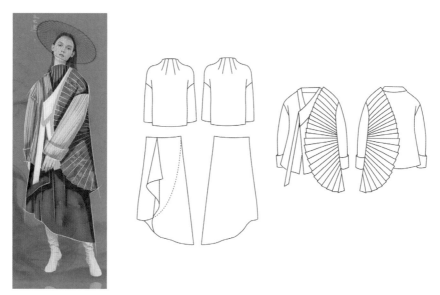

图7-1　创新设计纸样款式一款式图

创新设计纸样款式一中收领长袖的 CAD 制板较为简单，主要是在普通长袖中对领子部分进行收省，并对领子进行贴边处理，收领长袖的规格尺寸数据与 CAD 结构图如表7-1、图7-2所示。

表7-1　收领长袖规格尺寸数据　　　　　　　　　　　单位：cm

部位	衣长	胸围	腰围	肩宽	领围	袖长	袖口
尺寸	58	92	92	48	40	40	30

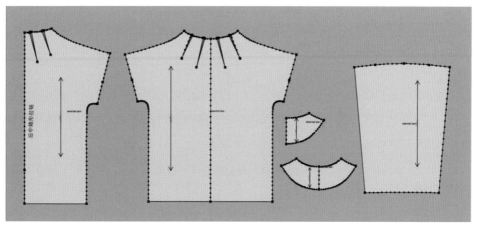

图7-2　收领长袖 CAD 结构图

创新设计纸样款式一中一片裙的 CAD 制板是在传统一片裙中融入了开衩与褶皱堆叠设计，使传统款式能以新面貌进行呈现与制作，并得以传承，一片裙规格尺寸数据与 CAD 结构图如表 7-2、图 7-3 所示。

表 7-2　一片裙规格尺寸数据　　　　　　　　　　　单位：cm

部位	裙长	臀围	腰围	侧长	大腿围	小腿围	下摆
尺寸	84	98	80	80	64	48	156

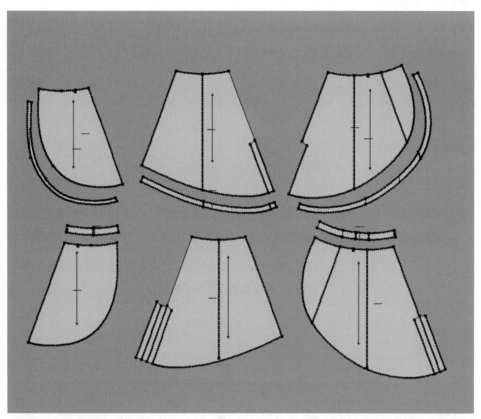

图 7-3　一片裙 CAD 结构图

创新设计纸样款式一中压褶短外套的 CAD 制板较其他两件更为复杂，服装板片也较多。由于不对称的款式，在制板时需要对左右两边多加留意，避免制错板或是制漏板，压褶短外套规格尺寸数据与 CAD 结构图如表 7-3、图 7-4 所示。

表 7-3　压褶短外套规格尺寸数据　　　　　　　　　单位：cm

部位	衣长	胸围	腰围	肩宽	领围	袖长	袖口
尺寸	72	118	118	52	40	57	36

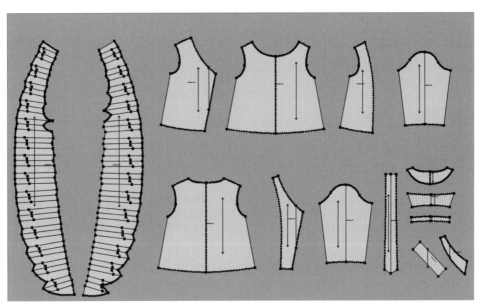

图7-4　压褶短外套CAD结构图

　　2. 创新设计纸样款式二　创新设计纸样款式二中包括工字褶马甲、高领刀褶长袖、直筒长裤和腰封四件服装。该创新设计款式以不同的褶皱形式来表达多层次的视觉效果，腰封采用珠绣工艺进行细节点缀，如图7-5所示。

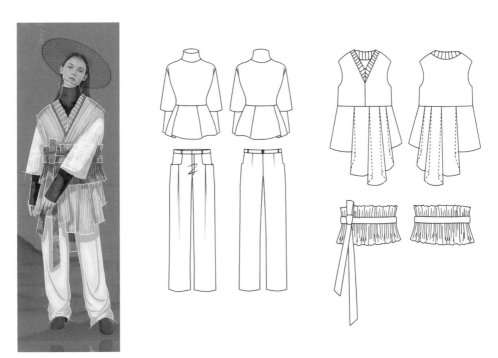

图7-5　创新设计纸样款式二款式图

创新设计纸样款式二中工字褶马甲的 CAD 制板需要着重留意工字褶的摆放位置和分布，不能过密也不能过疏，否则在制作时很难达到理想效果，工字褶马甲规格尺寸数据及 CAD 结构图如表7-4、图7-6所示。

表7-4 工字褶马甲规格尺寸数据　　　　　　　　　　　　　　单位：cm

部位	衣长	胸围	腰围	肩宽	领围	袖长	袖口
尺寸	80	116	110	52	62	0	0

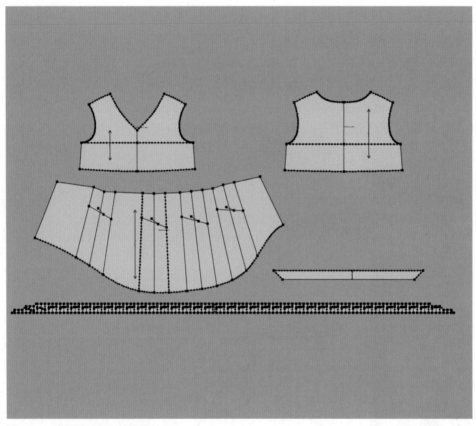

图7-6　工字褶马甲CAD结构图

创新设计纸样款式二中高领刀褶长袖的 CAD 制板较为简单，同样需要注意刀褶的位置与分布，高领刀褶长袖规格尺寸数据与 CAD 结构图如表7-5、图7-7所示。

表7-5 高领刀褶长袖规格尺寸数据　　　　　　　　　　　　　单位：cm

部位	衣长	胸围	腰围	肩宽	领围	袖长	袖口
尺寸	66	98	90	42	40	58	23

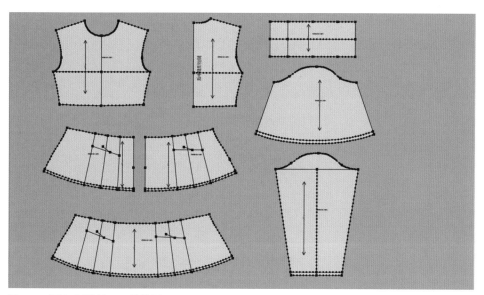

图7-7 高领刀褶长袖CAD结构图

创新设计纸样款式二中直筒长裤的CAD制板较为简单，其中腰封的CAD制板需注意长度的预留，避免后期制作手工时长度达不到要求，直筒长裤和腰封规格尺寸数据与CAD结构图如表7-6、图7-8所示。

表7-6　直筒长裤和腰封规格尺寸数据　　　　　　　　　　　　　　　单位：cm

部位	裤长	臀围	腰围	裆深	脚口	腰封宽	腰封长
尺寸	106	103	80	27	40	46	200

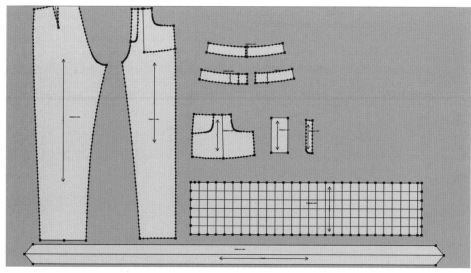

图7-8 直筒长裤和腰封CAD结构图

3. 创新设计纸样款式三 创新设计纸样款式三中包括阔腿裤、压褶高领短袖、束口长外套和腰封四件服装。该创新设计款式服装层次较为丰富，领口运用压褶的放松量呈现独具特色的领子形状。整体由不同深浅的压褶面料和提花面料进行拼合，呈现出新的服装搭配效果，如图7-9所示。

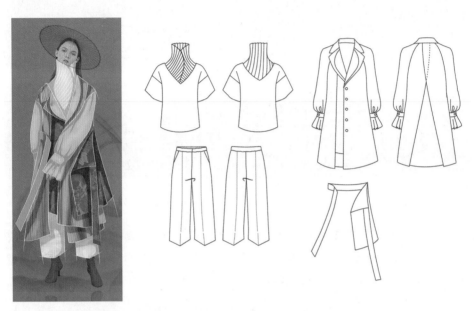

图7-9 创新设计纸样款式三款式图

创新设计纸样款式三中阔腿裤的CAD制板较为简单，在普通阔腿裤的基础上加入了裤中线的分割，阔腿裤规格尺寸数据与CAD结构图如表7-7、图7-10所示。

表7-7 阔腿裤尺寸规格　　　　　　　　　　　　　单位：cm

部位	裤长	臀围	腰围	裆深	大腿围	小腿围	脚口
尺寸	96	108	80	27	66	66	60

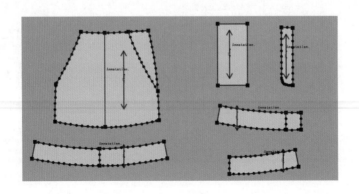

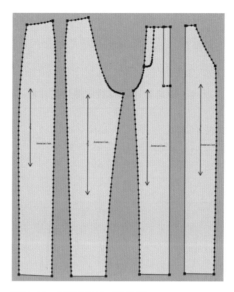

图 7-10　阔腿裤 CAD 结构图

　　创新设计纸样款式三中压褶高领短袖的 CAD 制板中领子的部分较为复杂，需要多加留意，其中贴边部分随个人需求进行加减，如想要达到固定效果可以加入贴边固定压褶，如表 7-8、图 7-11 所示。

表 7-8　压褶高领短袖规格尺寸数据　　　　　　　　　　单位：cm

部位	衣长	胸围	腰围	肩宽	领围	袖长	袖口
尺寸	58	92	92	48	50	23	32

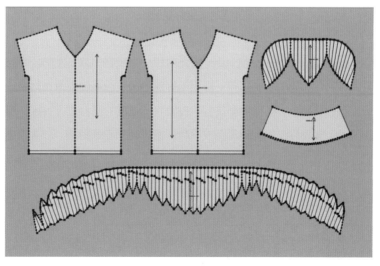

图 7-11　压褶高领短袖 CAD 结构图

创新设计纸样款式三中束口长外套和腰封的CAD制板较为复杂，服装整体板片比较多，制板时可以适当做上标记，束口长外套和腰封规格尺寸数据与CAD结构图，如表7-9、图7-12所示。

表7-9　束口长外套与腰封规格尺寸数据　　　　　单位：cm

部位	衣长	胸围	腰围	肩宽	领围	袖长	袖口	腰封带长	腰封带宽	腰封片长	腰封片宽
尺寸	120	124	126	38	40	65	38	200	5	56	32

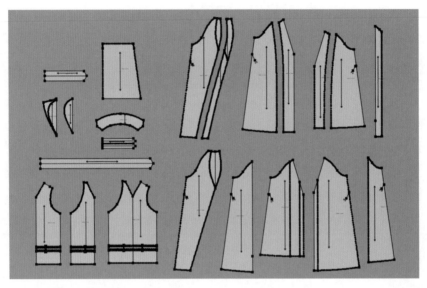

图7-12　束口长外套和腰封CAD结构图

二、创意服装设计纸样系列二

1. 创新设计纸样款式一　创新设计纸样款式一中包括风衣、衬衣、短裤和裙装。这一创意款式中的风衣整体材料采用一种更为轻薄的黑灰喷染细牛津布料来完成。由于风衣款式的设计极其复杂，因此需要不同肌理和不同灰度的面料进行拼接。整体采用细牛津布料为基底，多层领口则使用黑色胶质牛仔斑驳微光皮革拼接。衣裙下摆处喷染了忍者的剪影图案，采用植物染料进行喷印设计，使其更贴合主题，形成完整的系列。款式一的尺寸规格数据与款式图如表7-10、图7-13所示。

表7-10　款式一规格尺寸数据　　　　　单位：cm

部位	衣长	胸围	腰围	领围	袖长	袖口	臀围	裤长	裆深
尺寸	136	112	94	40	72	42	94	50	30

图7-13　系列二创新设计纸样款式一款式图

在这一创意款式的制板过程中需要格外注意的是风衣外套门襟处的拼接设计，需要将门襟拼接的衣领、圆形装饰进行单独制板最后再缝制在一起。因此对细节数据的把控非常严格，要尽可能地减少误差，其 CAD 结构图如图7-14所示。

图7-14　系列二创新设计纸样款式一 CAD 结构图

2. 创新设计纸样款式二   以忍者为灵感进行款式二的设计，该款式中包括高领夹克、裙装等。上衣高领夹克是宽松的，夹克面料采用的是黑红色立体挺阔肌理线条提花布料，具有立体凹凸感的提花面料符合效果图中的色彩要求，且面料的肌理能够增加层次感，使单一的款式更加丰富。下裙的款式比较基础，因此选择灰色针织面料叠加装饰，灰色的针织面料是废物再利用后进行的面料改造。整个成衣款式面料肌理丰富有趣，且上衣口袋的添加中和了颜色的单一，服装效果图、款式图如图 7-15 所示。

图 7-15   系列二创新设计纸样款式二款式图

在这一创意款式的制板过程中需要格外注意的是上衣袖子的褶皱设计，需要准确计算出褶皱的数量，从而能够更好地形成袖子褶皱重叠的效果，该款式的尺寸规格数据和 CAD 结构图如表 7-11、图 7-16 所示。

表 7-11   款式二规格尺寸数据   单位：cm

部位	衣长	胸围	腰围	臀围	领围	袖长	袖口	裙长
尺寸	80	96	94	94	35	80	42	58

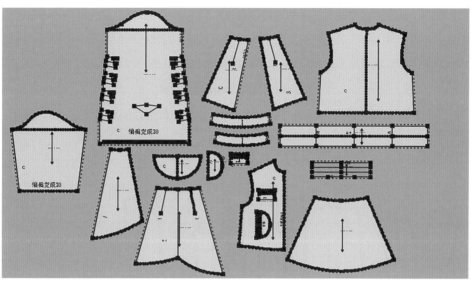

图7-16 系列二创新设计纸样款式二CAD结构图

3. 创新设计纸样款式三 款式三中包括外套、长裤、衬衣等，该款式的重点集中在外套，整个外套的廓型是偏向于A型的设计，下摆在领口靠下的位置进行了分割处理，内里的面料进行外翻设计。整体的面料也是采用的与款式一相同的黑色胶质牛仔斑驳微光皮革，该面料有着大理石一般的纹理，弥补了单一面料产生的寡淡感，如图7-17所示。

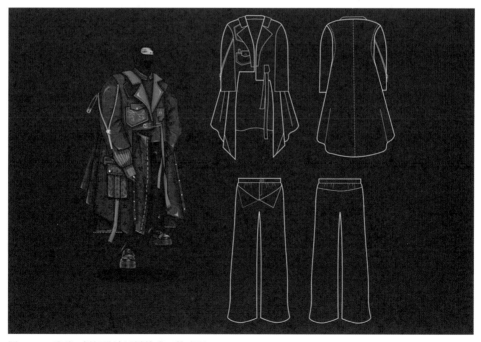

图7-17 系列二创新设计纸样款式三款式图

在这一创意款式的制板过程中需要注意外套前襟的结构设计，前大身右片的设计较为复杂，要形成上衣正装的效果又要形成宽松的下摆，因此在制板过程中需要着重注意这一点，该款式规格尺寸数据和CAD结构图如表7-12、图7-18所示。

表7-12　款式三规格尺寸数据　　　　　　　　单位：cm

部位	衣长	胸围	腰围	臀围	领围	袖长	袖口	裤长	裆深
尺寸	140	96	94	94	42	72	42	110	30

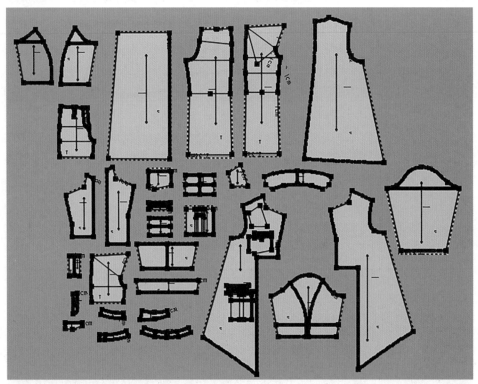

图7-18　系列二创新设计纸样款式三CAD结构图

第二节　CLO3D创意设计虚拟试衣鉴赏

CLO3D平台便于修改设计的服装，从而快速完成更为理想化的服装设计作品。为得到更为客观的设计作品成衣效果的评价，设计人员通常需要多种姿态的人体模型来进行作品的呈现，从而进一步对其合理性做出判断。本节研究的服装款式结构以简单的对称造型为主，基于CLO3D平台建构的三维虚拟模特，分析对称的板型设计规律，利用虚拟展示的对称结构的不同的重叠造型，研究基于对称重叠造型的设计方法和板型实现路径，在数字化手段和计算机技术的支撑下，实现从二维平面效果到具有空间美感的三维模拟效果的转化。

　　本节 CLO3D 创意设计虚拟试衣鉴赏主要展示服装 CAD 结构图与虚拟试衣效果图，并分为两个部分，第一是基础款服装的着装效果鉴赏，第二是创意款虚拟服装着装效果鉴赏，根据功能性分为四类服装套装。这两种虚拟试衣鉴赏由浅入深，循序渐进地带领读者了解其纸样及虚拟试衣部分内容，可以参照虚拟试衣部分来针对性地训练。

一、基础款服装着装效果

　　1. 基础款式内衣　内衣是内搭基础款，是不可或缺的一部分，此处展示了两套女性内衣套装的服装 CAD 纸样及虚拟试衣。由于人体表面为不规则的曲面，内衣是直接与人体皮肤接触的服饰，胸部的样板为了更合体而设计了胸省，胸部单独分为四片，从而形成贴合身体曲线的圆弧状样板，如图7-19所示。

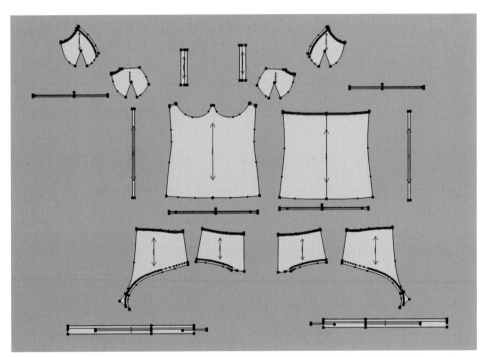

图7-19　内衣套装一CAD结构图

　　（1）内衣套装一。由图7-20可知上半部分内衣是吊带内衣，下半部分为平角蕾丝边内裤，在试穿时需要注意内衣的缝纫线，以及蕾丝边的缝纫处，确保内衣达到较好的试穿效果。

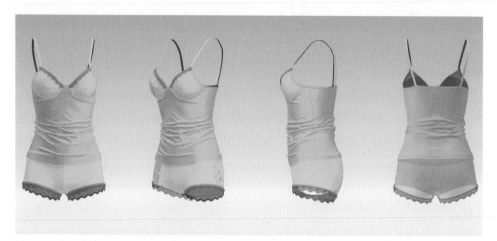

图7-20 内衣套装一虚拟试衣效果图

（2）内衣套装二。随着时代的发展，更多的青年人选择了健身活动，以保证身体的健康。为了能在运动时更舒适，可选择更适合剧烈运动、富有弹性的运动内衣。以下是基础运动内衣、内裤的款式，该款式样板较为基础，与上一款内衣的款式不相同，内衣部分在上衣原型的基础上修改得更为贴身，胸部下面有两个省道，以使内衣更为合体，如图7-21所示。

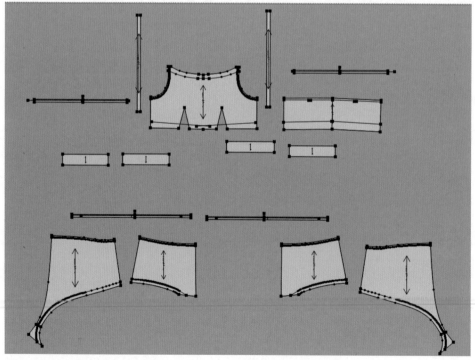

图7-21 内衣套装二CAD结构图

　　在虚拟试衣效果图中，上半部分是两片式内衣，下半部分为平角内裤，在面料选择中也需要注意使用更有弹性且具有一定厚度方便塑造廓型的面料，在试穿时需要注意缝纫线，如图7-22所示。

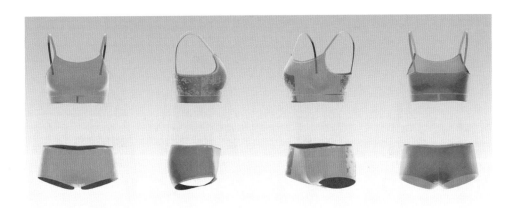

图7-22　内衣套装二虚拟试衣效果图

2. 基础款式上衣

　　（1）运动上衣。运动服是专用于体育运动竞赛的服装，通常按运动项目的特定要求设计制作。广义上还包括从事户外体育活动穿用的服装。目前，关注运动与健康的人群占比越来越大，尤其近年来强调机能性的产品增多，运动服的消费占比也在增长，运动服的普遍需求是轻薄、柔软、耐穿且易洗快干。这类运动服装不仅需要注重舒适性，还要具有防护功能，尽可能地减小肌肉受损的风险，降低摩擦和阻力。而高性能服装也可以通过结构设计来增加舒适性与合体性。以下就进行运动上衣的虚拟服装实验，该款式为基础性立领运动上衣，袖子处有白色条纹装饰，主要的样板如图7-23所示。

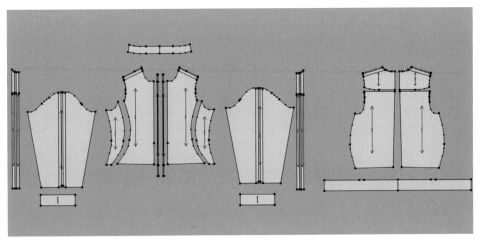

图7-23　运动上衣CAD结构图

将DFX样板导入CLO3D虚拟试衣软件后需要注意缝纫线，选择一款合适的针织面料，并在属性编辑器内选择合适的材质类型，【纹理贴图】选用合适的花纹装饰，在【颜色】中选择合适的颜色，既可使基础款变得更有设计感又不显得单调，如图7-24所示。

图7-24　运动上衣虚拟试衣效果图

（2）连帽衫。连帽衫是较为基础的款式，在采用富怡CAD绘制的结构图中可知，连帽衫的上衣是在原型的基础上稍加改动而成，增加了帽子和两片袖，如图7-25所示。

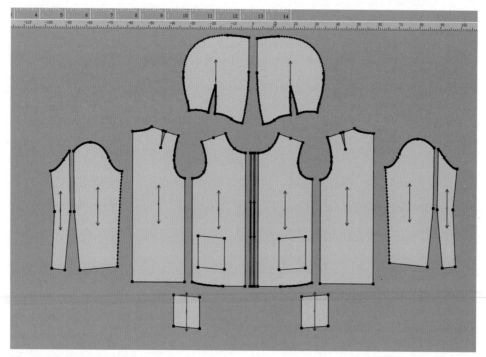

图7-25　连帽衫CAD结构图

　　虚拟试衣时也需要注意缝纫线，不合适的部位可通过属性编辑器内的工具修改，注意拉链部分的细节处理，如图7-26所示。

图7-26　连帽衫虚拟试衣效果图

　　（3）女衬衫。女衬衫的款式较多，此处使用的是大翻领，衣身为直腰身，外翻门襟、圆下摆及背褶、长袖（图7-27）。

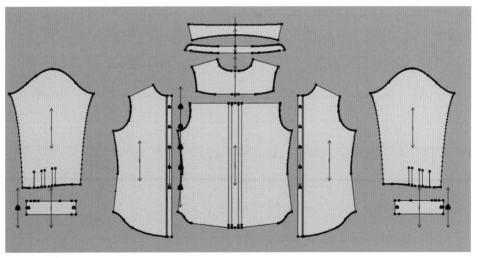

图7-27　女衬衫CAD结构图

　　衬衫的质料现在大多使用丝、纱和各类化纤等纤维，因此在挑选虚拟面料时以轻薄、立挺的虚拟仿真面料为主。一般来说，女衬衫虚拟试衣的具体操作步骤可以参考上文的操作流程。虚拟试穿部分的正视图、侧视图、背视图，如图7-28所示。

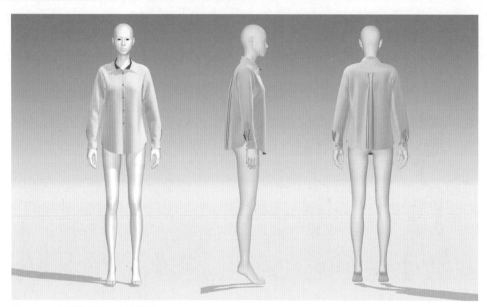

图 7-28　女衬衫虚拟试衣效果图

（4）风衣外套。风衣属于防风防水的一种功能性服装，此处的款式是女士风衣外套。其前面是双排扣，领子能开能关，有腰带、肩襻、袖襻、肩章，胸部和背部有遮盖布，以防雨水渗透，下摆较大，便于活动，CAD 结构图如图 7-29 所示。

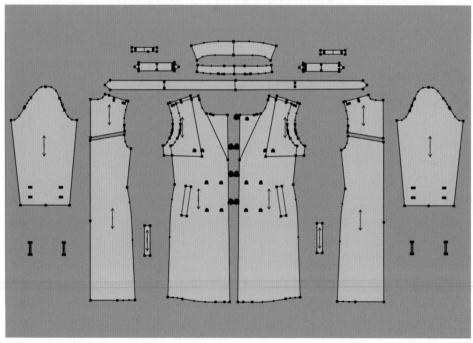

图 7-29　女士风衣外套 CAD 结构图

女士风衣虚拟试衣具体的操作步骤可以参考上文的操作流程，虚拟试衣效果图如图 7-30 所示。

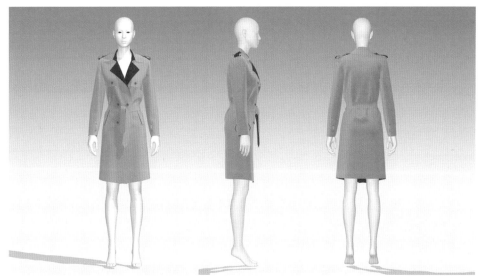

图 7-30　女士风衣外套虚拟试衣效果图

（5）立领女西装。立领西装适合人们在正式场合穿着，此处的立领女西装的款式更加合体，可用于日常生活。传统的紧扣型，立领的开口呈 V 字形向下延伸。在裁剪上，主要设计了收腰、垫肩等细节，以下就尝试进行立领女西装的虚拟试衣实验，虚拟试衣的具体操作步骤可以参考上文的操作流程。

CAD 结构图及虚拟试衣效果图，如图 7-31、图 7-32 所示。

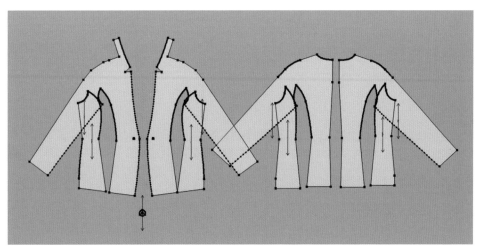

图 7-31　立领女西装 CAD 结构图

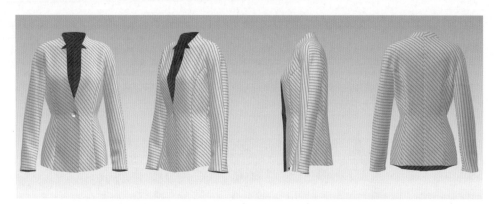

图7-32　立领女西装虚拟试衣效果图

3. 基础款式裤子

（1）小腿裤。虚拟试衣的具体操作步骤可以参考上述操作流程，CAD 结构图及虚拟试衣的模拟效果图，如图7-33、图7-34所示。

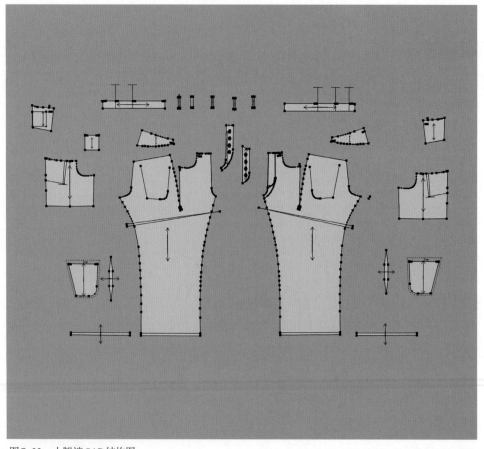

图7-33　小腿裤CAD结构图

图7-34　小腿裤虚拟试衣效果图

（2）阔腿裤。阔腿裤起源于20世纪30~40年代，现在属于复古风的款式，但仍然受现代年轻一代的喜爱，本次展示的纸样与虚拟试衣为女士阔腿裤，虚拟试衣的具体操作步骤可以参考上述操作流程，CAD结构图及虚拟试衣效果图，如图7-35、图7-36所示。

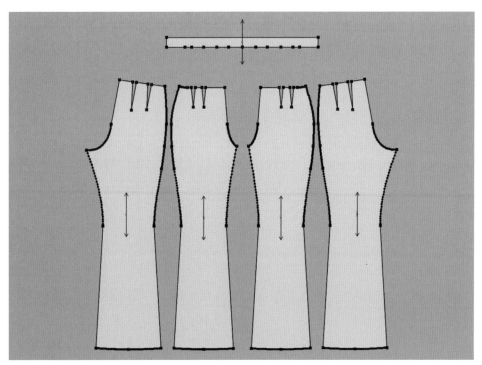

图7-35　阔腿裤CAD结构图

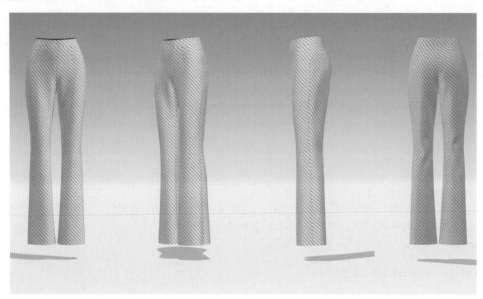

图 7-36　阔腿裤虚拟试衣效果图

4. 基础款式裙子

（1）半身裙。虚拟试衣的具体操作步骤可以参考上述操作流程。半身裙的 CAD 结构图及虚拟试衣效果图，如图 7-37、图 7-38 所示。

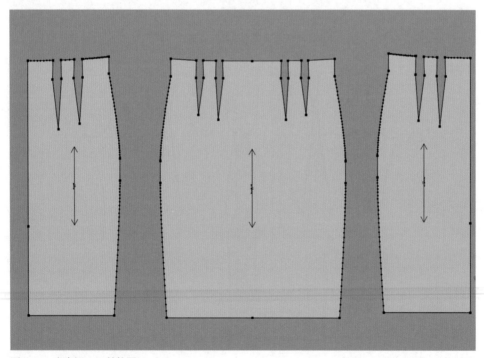

图 7-37　半身裙 CAD 结构图

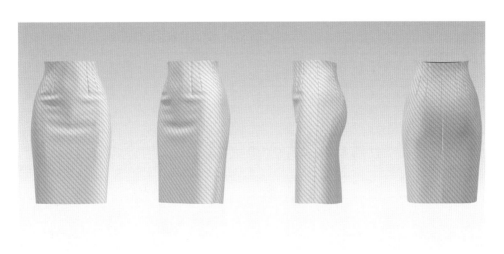

图7-38　半身裙虚拟试衣效果图

（2）衬衫裙。虚拟试衣的具体的操作步骤可以参考上文的操作流程，CAD 结构图及虚拟试衣效果图，如图7-39、图7-40所示。

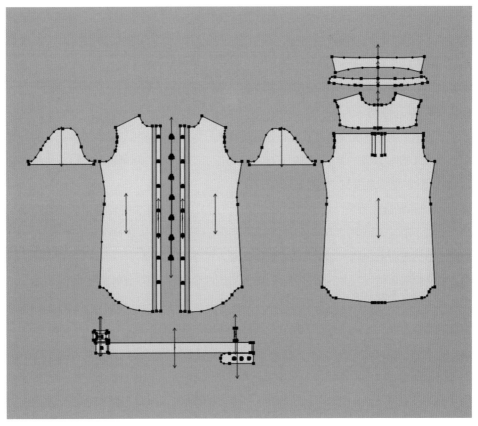

图7-39　衬衫裙CAD结构图

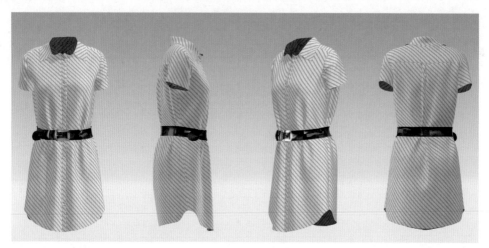

图 7-40　衬衫裙虚拟试衣效果图

二、创意款虚拟服装着装效果

　　服装虚拟模型技术在定制服装设计生产过程中的优势在于以下三点。第一，虚拟服装是 3D 模型，展示效果直观真实，可以支持服装多角度的观察；第二，穿着虚拟服装的虚拟人体同样可以调整尺寸，可以通过目测直观地对体型特征进行判断；第三，虚拟服装制作完成后可构建服装库反复再利用，并可以同时生成板型文件和面料信息，可逐步提升服装开发效率。这些优势意味着将服装虚拟模型纳入服装设计生产环节时，其本身就是服装设计数字化。

　　本文中主要的创意虚拟服装着装效果总共被分为功能性虚拟服装、连衣裙、时尚套装、复古风格套装四大类，主要展示的是富怡服装 CAD 中的样板设计，以及将样板导入 CLO3D 的虚拟试衣软件后的试穿部分。

　　1. 功能性虚拟服装　　功能性服装是指在满足基本穿着需求的前提下，还具有满足特定场合下的功能服装的总称。功能性服装是指该服装产品应在特殊环境下具有抗菌、防霉、透气透湿的功能，如恒温恒湿智能服装，可在不同环境下智能调节服装内环境温度，维持穿着者体表温度的相对恒定。因此功能性服装不仅要考虑特殊的面料材质，还需要考虑其舒适性，其中较为重要的则是如何通过服装样板设计增加功能性服装的合体度及舒适性。以下是较为基础的几款功能性虚拟服饰的展示。

　　（1）防护服。近几年，防护服的需求量日渐增长，因此我们也需要考虑到防护服的样板设计。可以通过富怡服装 CAD 设计和修改防护服的样板，数字化的样板设计可提高设计与生产效率，同时可以有效地保存更多的数据，可为以后的样板优化提供相应数据参考。

　　图7-41中防护服的前后顺序需要考虑清楚，在板片缝纫过程中要了解每片的位置大小，以及怎样在复杂款式虚拟试衣中进行缝纫。图7-42是防护服的虚拟试衣效果图。需要注意缝纫的方向与顺序问题。在虚拟试衣完成后也需要为服装赋予合适的面料与材质，这样才能使服装的虚拟试衣效果更为真实。

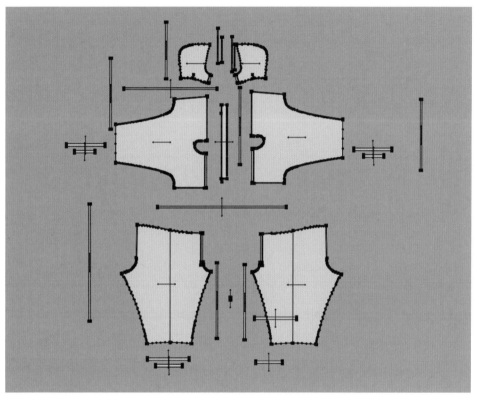

图7-41　防护服CAD结构图

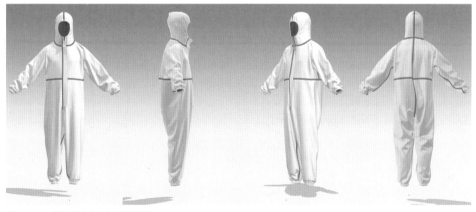

图7-42　防护服虚拟试衣效果图

（2）工装服。工装服最早是劳动时所穿的工作服，后来被用于伞兵制服。现在更多的则是展示个性的服装，一般工装衬衫都选用比较耐磨的面料，如牛仔布、丹宁布和青年布等。款式较为宽松，最典型的元素是有较多口袋，上衣的正面上下左右各有一个口袋，领口和袖口都装饰有纽扣或魔术贴，还带有一定防风效果。工装风格的服饰到现在仍广受欢迎。

工装套装作为创意款式在进行CLO3D的虚拟试衣过程中，需着重注意缝纫的方向与顺序问题。工装上衣是连体的一片式板片，缝纫过程较为简单，但在裤装的板片缝纫过程中要了解每个口袋的位置大小，以及该与哪块板片进行缝纫。在虚拟试衣完成后也需要为服装搭配合适的面料，这样才能使服装的虚拟试衣效果更加真实。其CAD结构图和虚拟试衣效果图如图7-43、图7-44所示。

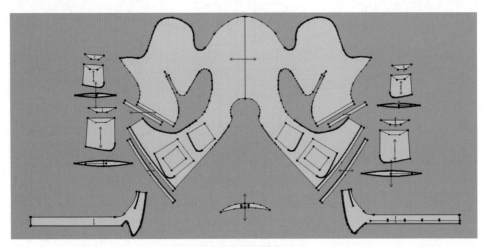

（a）上衣结构图

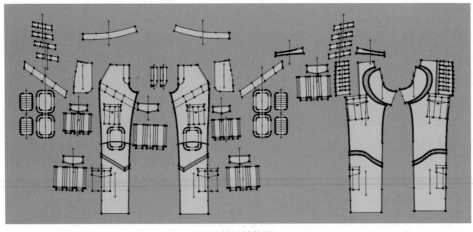

（b）裤子结构图

图7-43　工装套装CAD结构图

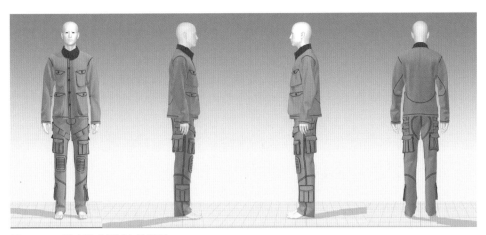

图7-44 工装套装虚拟试衣效果图

（3）户外套装。户外套装需适应户外环境和运动，对服装的要求也相对较为严苛，户外运动需要较好的散热功能来排汗，要求服装散热和透气性能良好；野外难免遇到风雨雪雾，服装还要有防水性能；户外运动服还需要有轻便、防风保暖性好的特点；户外洗涤条件有限，服装的抗菌防臭和防沾污性要求高。该类服饰的面料大多属于特殊面料，在结构上需要尽量设计成更舒适的纸样。本次展示的户外套装的 CAD 结构图与虚拟试衣效果图如图7-45、图7-46所示。

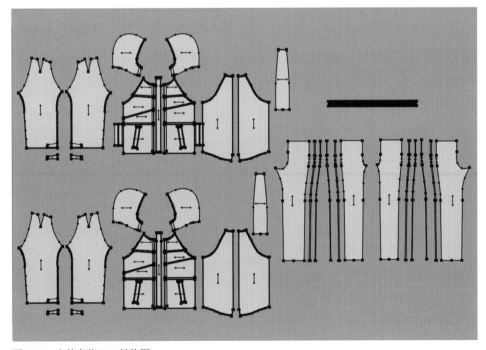

图7-45 户外套装 CAD 结构图

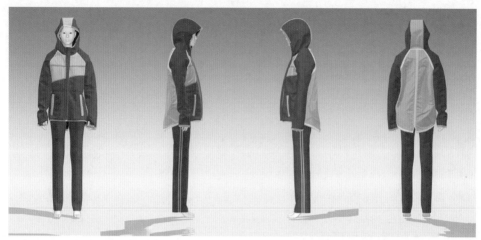

图7-46　户外套装虚拟试衣效果图

　　户外套装作为创意款式在进行CLO3D的虚拟试衣过程中，由于该套装衣片较多，操作过程中注意区分不同衣片的缝合位置，尽量避免漏缝与错缝的情况。

　　2. 连衣裙虚拟服装

　　（1）泡泡袖连衣裙。泡泡袖是指在袖山处抽碎褶而蓬起呈泡泡状的袖型，是典型的女装局部样式，从视觉效果看是袖山处宽松并鼓起的袖子。与普通时装袖相比它有两个特点：一是肩宽要窄，一般用胸宽尺寸代替肩宽尺寸，女装肩宽要比原始肩宽小3~4cm，从而满足形成泡状的条件。二是袖山加高才能做出泡泡袖的造型。本次展示的泡泡袖连衣裙上半部分由泡泡袖片、上衣前后片、领口片组成，下半部分由三片样板组成，在虚拟试穿过程中要结合2D样板来缝纫。虚拟试衣中的裙子面料为丝绒面料，主色为红色，其面料还有暗花设计，虚拟面料可增加其厚重感与庄严的设计感。袖子

是较为复杂的变化款式，在将板片导入CLO3D中后，在进行板片缝纫过程中需要着重注意的是缝纫的顺序要前后保持一致，在属性编辑器中进行数据的调整与修改以形成最为自然的效果。其CAD结构图和虚拟试衣效果图，如图7-47、图7-48所示。

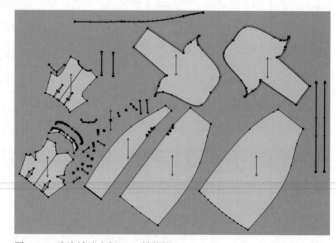

图7-47　泡泡袖连衣裙CAD结构图

图7-48 泡泡袖连衣裙虚拟试衣效果图

（2）荷叶边连衣裙。荷叶边连衣裙是将类似荷叶边的衣片装饰在衣领或者裙摆处，一般用弧形或者螺旋的方式裁剪，内弧线缝制在衣片上，外弧线自然散开，形成荷叶状的曲线，或用打褶的方式做成荷叶边，用以增加波浪的起伏角度。荷叶边连衣裙是较为简单的裙子款式，特别要注意裙子中不同样片的设计，最后的荷叶边也需要在固定针工具下完成。其CAD结构图和虚拟试衣效果图如图7-49、图7-50所示。

该连衣裙面料使用的真皮质感，具有一定高精度渲染，服装的呈现效果极佳，具有较高的观赏性，与真实的皮质连衣裙的差距值不大，具有一定实用价值。

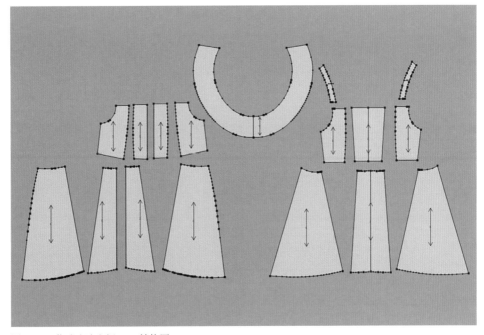

图7-49 荷叶边连衣裙CAD结构图

图7-50　荷叶边连衣裙虚拟试衣效果图

（3）束胸鱼尾连衣裙。鱼尾裙深受女性朋友的喜爱，随着时代潮流的更替，人们对于美的追求不断上升，这也就促进了服装行业的发展，使鱼尾裙有了更广阔的设计空间。无论是骨感还是丰满的女性，都能够展现出自己的另一种风情。鱼尾裙作为女性服装的重要组成部分有着悠久的历史，经过时代的洗礼，鱼尾裙的款式造型更趋多样化，其CAD结构图和虚拟试衣效果图如图7-51、图7-52所示。

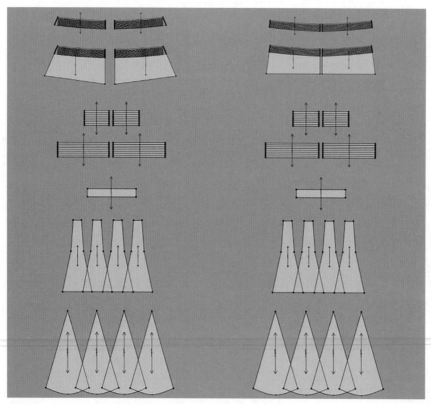

图7-51　束胸鱼尾连衣裙CAD结构图

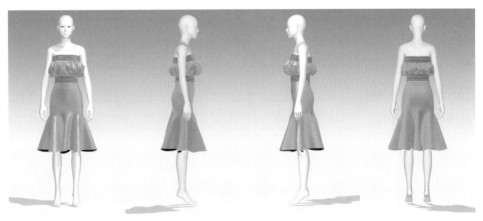

图7-52　束胸鱼尾连衣裙虚拟试衣效果图

　　束胸鱼尾连衣裙是较为复杂的变化款式，将板片导入CLO3D中后，在进行板片缝纫过程中需要着重注意的是鱼尾裙摆中板片的顺序问题，缝纫的顺序要前后保持一致，以形成完整的裙摆。此外，抹胸的抽褶设计，要在【属性编辑器】中进行数据的调整与修改以形成自然的效果。

　　3. 套装

　　（1）女性校服套装。校服是学校规定的统一样式的学生服装，最早起源于欧洲，学校为了规范管理、统一着装，专门设计出校园服装。其CAD结构图和虚拟试衣效果图如图7-53、图7-54所示。校服套装作为变化款式在进行CLO3D的虚拟试衣过程中，操作时只需要在原基础款式中进行简易的变化，注意细节的缝纫方向和顺序，如百褶裙中褶的缝纫方向和顺序等，尽量避免在过程中出现错误。

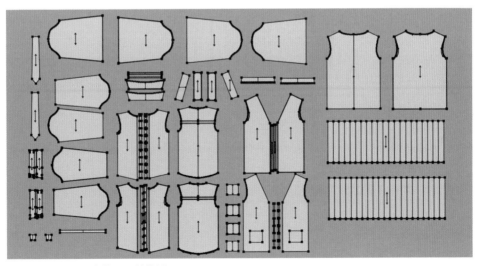

图7-53　女性校服套装CAD结构图

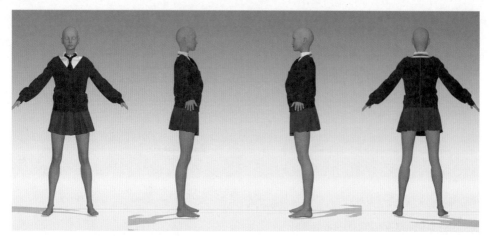

图7-54   女性校服套装虚拟试衣效果图

（2）女性时尚街头套装。创意款女性时尚街头套装是较为复杂的款式，有上衣、内衣、下裙及套袜等多个单品，每个款式的板片缝纫过程也十分复杂。特别要注意繁复的系带设计，最后的系带蝴蝶结也需要在【固定针】工具下完成。嘻哈街头风格的套装整体高精度渲染，服装的呈现效果极佳，具有较高的鉴赏性。其CAD结构图和虚拟试衣效果图如图7-55、图7-56所示。

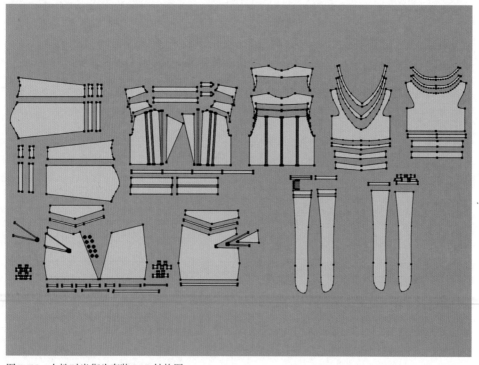

图7-55   女性时尚街头套装CAD结构图

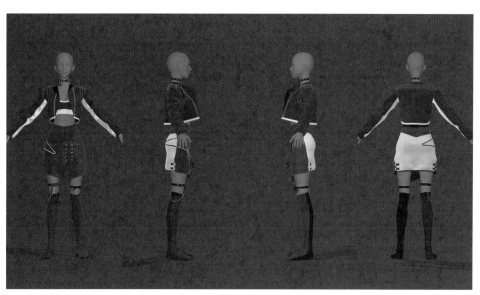

图7-56　女性时尚街头套装虚拟试衣效果图

4. 复古类套装

（1）连体衣套装。连体衣套装板片较少，因此缝纫过程较为简单。在衣身的板片缝纫过程中，需要注意的是预留袖口与裤口的位置，将袖口和裤口的样板缝合。腰间束带的缠绕上需要使用3D窗口中的【固定针】工具进行固定，以达到想要的效果。在完成虚拟试衣后进行花纹图案的选择，使服装显得更加高级精美。其CAD结构图和虚拟试衣效果图如图7-57、图7-58所示。

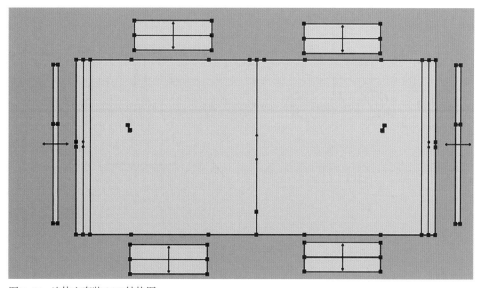

图7-57　连体衣套装CAD结构图

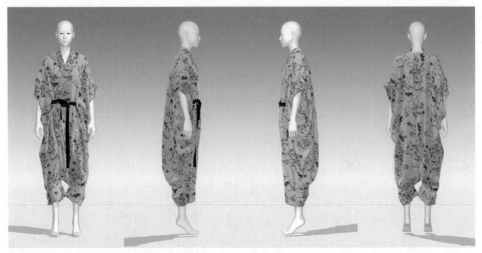

图7-58　连体衣套装虚拟试衣效果图

（2）休闲大衣套装。休闲大衣套装作为变化款式在进行CLO3D的虚拟试衣操作时，需要注意领子的翻折情况，避免出现翻折不到位和翻折不平整的问题。在模拟时，要对大衣形成的自然波浪褶进行小幅度的调整，以便呈现出更好的服装状态。其CAD结构图和虚拟试衣效果图如图7-59、图7-60所示。

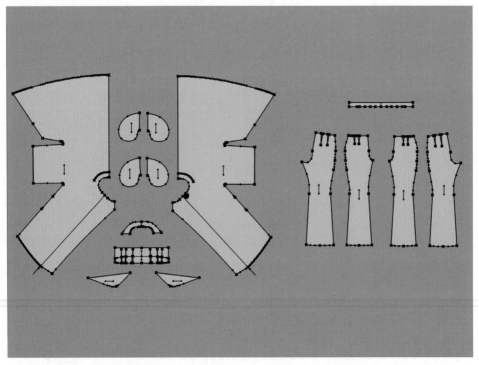

图7-59　休闲大衣套装CAD结构图

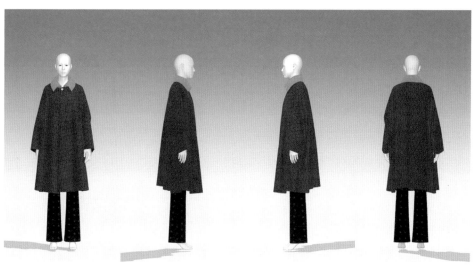

图7-60 休闲大衣套装虚拟试衣效果图

5. CLO3D公司提供虚拟试衣鉴赏图 主要从虚拟服装套装、陈列、鞋履配饰虚拟设计、虚拟模特姿态设计、系列设计角度进行鉴赏。

（1）虚拟服装套装。

①休闲情侣套装：以日常休闲情侣服装为主，如图7-61所示，女模特身着紧身裁剪背心、阔腿裤和印花衬衫，男模特身着印花衬衫和直筒九分裤。展示场景在泳池边上，渲染出服装与场景的效果，场景整体增加了时尚感与趣味感。

图7-61 虚拟试衣效果套装一

②抹胸礼服短裙：米白色的抹胸礼服短裙的场景融入了天空、镜面、波光湖面等元素，与服装形成了和谐的氛围，整体画面给人以梦幻、少女的视觉效果，使服装呈现得更加真实，有画面感，如图7-62所示。

如图7-63所示，为灰绿色的抹胸礼服短裙，在搭建场景时加入了树林和许多大自然的元素，与服装的主体相互呼应。场景中的镜面元素巧妙地展示了服装的正反面，让人更好地了解服装整体结构。

③蕾丝连衣裙：从局部上展示了红色长裙的面料肌理，是较有垂感的提花蕾丝面料，这种细节更能使观者清晰、直观地了解面料的材质和特性，也能从总体上观察到服装的视觉效果，如图7-64所示。

图7-62　虚拟试衣效果套装二

图7-63　虚拟试衣效果套装三

图7-64　虚拟试衣效果套装四

④日常套装：以下是女性日常服装款式，上衣是短款泡泡长袖，下装穿着紧身牛仔铅笔裤，给人以更直观与清晰的展示，也能了解两件衣服的款式结构和搭配效果，如图7-65所示。

图7-66也是日常服装款式，上衣是吊带波浪短款，下装是抽褶阔腿裤。

图7-67中模特穿着日常服装款式，主要展示了衣服的叠穿效果，上衣搭配白色长款衬衫、蓝色中长款衬衫和斗篷外套，下装穿着紧身铅笔裤，整体色彩和谐统一，服装的穿着方式与模特的展示使画面更具张力。

⑤职业装：有三套不同的职业套装，这种展示方式比较适合系列产品或橱窗展示，能同时达到多套服装的搭配效果，了解系列服装的整体设计元素。从多个角度对服装进行展示，能更好地呈现出设计师的想法，如图7-68所示。

⑥睡衣：其面料主要是蕾丝提花面料与丝绸面料，局部细节图可以让厂家或者消费者了解面料的特性和两种面料拼接后的效果，如图7-69所示。

⑦冬季外套：女性的冬季羊羔服外套，主要突出的是外套的面料材质特点，大面积使用了羊羔绒，能更直观模仿制作成品的穿着效果，也与其他衣服的面料形成鲜明的对比，如图7-70所示。

图7-65　虚拟试衣效果套装五　　　　　图7-66　虚拟试衣效果套装六

图7-67　虚拟试衣效果套装七　　　　图7-68　虚拟试衣效果套装八

图7-69　虚拟试衣效果套装九　　　　图7-70　虚拟试衣效果套装十

⑧瑜伽服：互联网健身来势汹汹，瑜伽依旧占据人气C位。相关行业报告预测，2022年中国瑜伽市场规模达449亿元，同比上涨16.02%。其中，瑜伽用品规模198亿元，课程服务规模251亿元。估计2023年我国瑜伽行业市场规模达503亿元，其中瑜伽用品规模208亿元。面对如此规模庞大的市场，时尚大牌纷纷行动。当下年轻人的运动方式无疑越来越多样化，从室内到户外形成了各种各样的社群文化，在这之中"瑜伽"则是一个异军突起的选项。

在过去，瑜伽这项运动更容易和诸如"养生"这类词汇产生联系，而女性群体则是瑜伽的核心受众，不过随着瑜伽文化的持续推广，大众对此有了更清晰的认知，瑜伽不仅仅是健身美体的运动，更是与人们追求健康、均衡、快乐的生活方式相匹配。进一步来说，无论性别、年龄，或喜欢什么样的运动，都能通过瑜伽去做最好的自己，许多NBA球星也都在通过瑜伽调整自己的身体状态，这让瑜伽运动逐渐成为年轻人中的焦点。在CLO3D中采用动态展示的方式来呈现瑜伽服在运动中的状态，能够更为直观地感受到不同面料的不同质感，如图7-71所示。

在CLO3D服装虚拟试衣完成后，场景搭建的重要性则被体现出来。从灯光的设计与渲染到虚拟模特的动作的调整与尝试，再配合与服装相匹配的场景设计。如此一来能够形成完整的虚拟试衣效果图，效果图的最终效果也会更具有冲击性，观看者也能够身临其境地感受到服装的情感传递。如图7-72所示，虚拟模特穿着具有户外工装气息的时尚套装摆出在空中跳跃的姿势，上下悬浮的灯带为其点亮氛围感的灯光。背景选择的是昏暗天气的丘壑场景，幽暗昏惑的时尚氛围能够完美地展现出服装的设计思想与主题。

（2）陈列。如果我们把陈列定位于服装企业"决胜终端"的重要一环，那么企业就是陈列概念成为现实和进一步提升的土壤。陈列从艺术的角度贯穿着企业产品的内涵、价值和表现力，同时也展示了企业本身的存在意义和成长目标。要把陈列放到一个高度上去看，从市场竞争的角度看，品牌越往高处走，陈列越会占据重要地位。在整个服装环节中，陈列必须要做好。大品牌与小品牌的差异在终端消费者上表现极为明显。陈列一方面可以展示设计理念和企业文化，另一方面能够吸引消费者的注意力。这也表明了目前

图7-71 虚拟试衣效果套装十一

服装产品"决胜终端"的必然趋势。CLO3D满足了这一需求，操作者可以通过线上虚拟尝试陈列的摆放，以及控制每件衣杆上的SKU数量，能够极大程度地降低人力工作的重复性，提高工作效率，如图7-73、图7-74所示。而在图7-75中极具艺术性的陈列效果则是目前较为流行的装置艺术陈列，吸睛且独特的陈列方式也能够传达出品牌的调性与文化氛围。

图7-72　虚拟试衣效果套装十二

图7-73　虚拟试衣效果套装十三

图7-74　虚拟试衣效果套装十四

图7-75　虚拟试衣效果套装十五

（3）鞋履配饰虚拟设计。一款鞋子，少则十多个部件，多则近百个部件，鞋底、鞋楦、鞋面、鞋带。每一个部件都可能有多种材料、多种工艺，如果有男款女款，则会有10多个码段，如果再加上童鞋，会有将近30个码段。鞋子从雏形到成品，约有120余道工序：企划部根据市场调研做企划方案，设计师根据方案给出设计图，各方确认后，板师筛选定制材质和鞋型，做出样鞋，然后工厂试做部分尺码，确认无误之后，进入流水线工序，开始大规模生产，如图7-76所示。近年来，鞋履虚拟化数字化设计领域进程加快，完整的鞋履虚拟设计能够很大程度上减少实体样品的生产数量，进一步降低了实体样品的生产成本。

图 7-76　虚拟试衣效果套装十六

除去鞋履设计之外，配饰的设计在虚拟软件中的应用也十分常见，目前国内多个小众设计师品牌都开始尝试将品牌 DNA 元素赋予在服装配饰之上，如图 7-77 所示，形成服装、鞋履与配饰等一系列完整的产业链。为了尽可能地降低成本，线上数字虚拟尝试势在必行。

图 7-77　虚拟试衣效果套装十七

（4）虚拟模特姿态设计。不同的人物状态能够展现出不同的服装风格，如图7-78、图7-79所示，身着校园风格服饰的虚拟模特在不同角度与姿势下所呈现的视觉效果要远远大于模特竖直站立的视觉效果。例如，插兜或箭步蹲等姿势更能体现出人物的性格特征，能够传递出更为丰富与具有情感的服装效果。更为细节与生动的模拟能够还原服装在真人穿着中的实际效果，更加准确且具有参考性。

图7-78　虚拟试衣效果套装十八　　　　　　图7-79　虚拟试衣效果套装十九

（5）系列设计。系列服装必须是由若干个单套服装共同构成的。数量是构成系列的基础条件。系列服装少则两套，多则不限。通常我们把二至五套的服装组合归为小型系列，要形成一个系列，具有共性是首要条件，只有每件服装有了共通点，才能把整体联系在一起。在具体的设计手法上，就是在统一的设计理念和共同的设计风格之下，通过追求相似的形态、统一的色调、共用的材料、类似的纹样、接近的装饰和一致的工艺处理等，从而使视觉心理产生连续感和统一感。在CLO3D虚拟服装设计中也是需要遵从这一原则，如图7-80所示，同一种褶皱元素应用在同一个系列中，以及色彩的统一与渲染等能够完整地呈现一个服装系列。

图7-80　虚拟试衣效果套装二十

本章小结

■ 本章主要展示创新系列服装中CAD纸样，其中需要注意纸样的褶皱、省道的表现形式，需了解通过纸样来体现出效果图的立体感。

■ 在CLO3D软件中以多视角的效果呈现方式来实现虚拟服装设计作品的全方位、多角度观察，在CAD纸样中体现服装平面设计效果，再通过虚拟试衣展现立体效果，从而找出设计作品中的潜在问题。这种全方位的立体三维效果给未来传统服装带来了现代的视觉欣赏，给予我们更多的视觉角度，从二维的板片转化为三维立体效果，准确地表达了传统服装结构的款式造型。

■ 总体上为后期的自主学习提供了很好的示范，也为创意设计款式拓宽了思路。本节由浅入深，逐渐增加设计与软件操作的难度，使读者在基础款中能融会贯通，设计出更具创新性的服装款式。

练习与思考

1. 参考以上作品，适当选择1~2套进行练习。

2. 使用服装CAD与CLO3D完成2套创意设计。

3. 不同裤子的CAD制板在CLO3D中有什么不同的呈现效果？

参考文献

［1］尹玲. 服装CAD应用［M］. 北京：中国纺织出版社，2017.

［2］刘瑞璞. 服装纸样设计原理与应用·女装编［M］. 北京：中国纺织出版社，2008.

［3］比纳·艾布林格，凯思琳·骄. 时装设计基础：立裁·制板与效果图表现[M]. 纪振宇，译. 北京：中国青年出版社，2016.

［4］金宁，王威仪. 服装CAD基础与实训［M］. 北京：中国纺织出版社，2016.

［5］张辉，等. 服装CAD应用教程［M］. 北京：中国纺织出版社有限公司，2020.

［6］周琴. 服装CAD样板创意设计［M］. 北京：中国纺织出版社有限公司，2020.

［7］郭瑞良，金宁，张辉. 服装CAD［M］. 北京：中国纺织出版社，2012.

［8］李金强. 服装CAD设计应用技术［M］. 北京：中国纺织出版社，2019.

［9］徐蓼芫，沈岳，赵兵. 服装CAD应用技术［M］. 北京：中国纺织出版社，2015.

［10］何天虹，刘玉娜，赵星. 天津市女大学生体型分类及其原型修正［J］. 毛纺科技，2018，46（7）：53-57.

［11］三吉满智子. 服装造型学·理论篇［M］. 郑嵘，张浩，韩洁羽，译. 北京：中国纺织出版社，2006.

［12］穆淑华，曹卫群. 基于CLO3D的虚拟服装设计［J］. 电子科学技术，2015，2（3）：366-371.

［13］田丙强，徐增波，胡守忠. 基于CLO3D虚拟试衣技术的着装合体性评估［J］. 东华大学学报：自然科学版，2018，44（3）：397-402.

［14］赵薇，周永凯，张华. 基于3D试衣的作训服肩背运动舒适性结构设计［J］. 北京服装学院学报：自然科学版，2017，37（2）：40-48.

［15］胡佳琪，宋莹. 基于CLO3D虚拟试衣技术的旗袍着装效果评价研究［J］. 丝绸，2021，58（12）：73-79.

［16］LIU K, ZENG X, WANG J, ct al. Parametric design of garment flat based on body dimension [J]. International Journal of Industrial Ergonomic, 2018, 4485(18): 46-59.

［17］LIU K, ZENG X, BRUNIAUX P, et al. 3D interactive garment pattern-making technology [J]. Computer-Aided Design, 2018, 65(2018): 45-67.

［18］SONG H K, ASHDOWN S P. Categorization of lower body shapes for adult females based on multiple view analysis [J]. Textile Research Journal, 2011, 81(9): 914-931.

[19] 曹兵权. 男衬衫特征研究及其数据库的构建 [D]. 苏州：苏州大学，2017.

[20] XIA S, ISTOOK C. A method to create body sizing systems [J]. Clothing and Textiles Research Journal, 2017, 35(4): 235-248.

[21] 祖倚丹，李晓英，王瑾. 河北省女青年体型测量与特征分析 [J]. 纺织科技进展，2013（3）：70-72.

[22] 汝吉东，王颖. 基于SVM女性服装型号推荐方法研究 [J]. 丝绸，2015，52（6）：27-31.

[23] 蔡兰，厉旗，李鹏威，等. 基于衬衫部件重构的纸样设计方法 [J]. 纺织学报，2015，36（8）：116-120.

[24] CLO Virtual Fashion, Inc. owns all rights to the avatar displayed.https://www.clo3d.com/

[25] CLO Virtual Fashion, Inc. owns all rights to the image displayed.柯镂虚拟时尚株式会社，保留对本文内图7-61至图7-80的所有权利。

附　　录

附录1　富怡设计与放码CAD系统快捷键

快捷键	工具名称	快捷键	工具名称
A	修改	M	对称调整
B	等距线/相交等距线	N	合并调整
C	圆规	P	点
D	等分规	Q	不相交等距线
E	橡皮擦	R	比较长度
F	智能笔	S	矩形
G	移动/成组复制	T	靠边
J	对接	V	连角
K	对称复制	W	剪刀
L	角度线	Z	各码对齐
F2	切换影子与纸样边线	F3	显示/隐藏两放码点间的长度
F4	显示所有号型/仅显示基码	F5	切换缝份线与纸样边线
F7	显示/隐藏缝份线	F8	显示下一个号型
F9	匹配整段线/分段线	F10	显示/隐藏绘图纸张宽度
F11	匹配一个码/所有码	F12	工作区所有纸样放回纸样窗
SHIFT+F4	显示/隐藏结构线放码	SHIFT+F8	显示上一个号型
SHIFT+F12	纸样在工作区的位置关联/不关联	CTRL+F10	一页里打印时显示页边框
CTRL+F7	显示/隐藏缝份量		
CTRL+F11	1:1显示	CTRL+F12	纸样窗所有纸样放入工作区
CTRL+A	另存为	CTRL+B	移动旋转复制
CTRL+C	复制纸样	CTRL+D	删除纸样
CTRL+E	号型编辑	CTRL+F	显示/隐藏放码点

续表

快捷键	工具名称	快捷键	工具名称
CTRL+H	调整时显示/隐藏弦高线	CTRL+J	颜色填充/不填充纸样
CTRL+K	显示/隐藏非放码点	CTRL+N	新建
CTRL+O	打开	CTRL+Q	生成影子
CTRL+R	重新生成布纹线	CTRL+S	保存
CTRL+V	粘贴纸样	CTRL+Y	重做
CTRL+Z	撤销	SHIFT+C	剪断线
SHIFT+ 右键	水平垂直点	CTRL+ 右键	闭合曲线
SHIFT+S	曲线调整	DELETE	鼠标光标为智能笔/调整工具时，右键点击线段，把鼠标放在点/线上，按 DELETE 可删除点/线
CTRL+SHIFT+Alt+G	删除全部基准线	回车键	文字编辑的换行操作/弹出光标所在关键点移动对话框
ESC	取消当前操作	U 键	按下 U 键的同时，单击工作区的纸样可放回到纸样列表框中
SHIFT	画线时，按住 SHIFT 在曲线与折线间转换/转换结构线上的直线点与曲线点	X 键	与各码对齐结合使用，放码量在 X 方向上对齐
Y 键	与各码对齐结合使用，放码量在 Y 方向上对齐		

　　注 F11键：用布纹线移动或延长布纹线时，匹配一个码/所有码；
用 T 移动 T 文字时，匹配一个码/所有码；
用橡皮擦删除辅助线时，匹配一个码/所有码。
Z键各码对齐操作：（点放码后查对齐）
1.用【选择工具】，选择一个点或一条线；
2.按 Z 键，放码线就会按控制点或线对齐，连续按 Z 键放码量会以该点在 XY 方向对齐、Y 方向对齐、X 方向对齐、恢复间循环。
鼠标滑轮：
在选中任何工具的情况下，
向前滚动鼠标滑轮，工作区的纸样或结构线向下移动；
向后滚动鼠标滑轮，工作区的纸样或结构线向上移动；
单击鼠标滑轮为全屏显示。
按下 SHIFT 键：
向前滚动鼠标滑轮，工作区的纸样或结构线向右移动；
向后滚动鼠标滑轮，工作区的纸样或结构线向左移动。

键盘方向键：

按上方向键，工作区的纸样或结构线向下移动；

按下方向键，工作区的纸样或结构线向上移动；

按左方向键，工作区的纸样或结构线向右移动；

按右方向键，工作区的纸样或结构线向左移动。

小键盘+键、-键：

小键盘+键，每按一次此键，工作区的纸样或结构线放大显示一定的比例；

小键盘-键，每按一次此键，工作区的纸样或结构线缩小显示一定的比例。

空格键功能：

1. 在选中任何工具情况下，把光标放在纸样上，按一下空格键，即可变成移动纸样光标；

2. 用【选择工具】，框选多个纸样，按一下空格键，选中纸样可一起移动；

3. 在使用任何工具情况下，按下空格键（不弹起）光标转换成放大工具，此时向前滚动鼠标滑轮，工作区内容就以光标所在位置为中心放大显示；向后滚动鼠标滑轮，工作区内容就以光标所在位置为中心缩小显示。击右键为全屏显示。

附录2　富怡排料CAD系统快捷键

快捷键	工具名称或用途
CTRL + A	另存为
CTRL + D	将工作区纸样全部放回到尺寸表中
CTRL + I	纸样资料
CTRL + M	定义唛架
CTRL + N	新建
CTRL + O	打开
CTRL + S	保存
CTRL + X	前进
CTRL + Z	后退
ALT + 0	状态条、状态栏主项
ALT + 1	主工具匣
ALT + 2	唛架工具匣1
ALT + 3	唛架工具匣2
ALT + 4	纸样窗、尺码列表框
ALT + 5	尺码列表框
F3	重新按号型套数排列辅唛架上的样片
F4	将选中样片的整套样片旋转180°
F5	刷新
DELETE	移除所选纸样
空格键	工具切换（在纸样选择工具选中状态下，空格键为放大工具与纸样选择工具的切换；在其他工具选中状态下，空格键为该工具与纸样选择工具的切换）
CTRL键	在使用任何工具情况下，按下CTRL键（不弹起），把光标放在唛架上，此时向前滚动鼠标滑轮，工作区内容就以光标所在位置为中心放大显示，向后滚动鼠标滑轮，工作区内容就以光标所在位置为中心缩小显示

续表

快捷键	工具名称或用途
双击	双击唛架上选中纸样可将选中纸样放回到纸样窗内；双击尺码表中某一纸样，可将其放于唛架上
数字键	可将唛架上选中纸样作，向上是［8］、向下是［2］、向左是［4］、向右是［6］，直至碰到其他纸样
	可将唛架上选中纸样进行，90°旋转是［5］、垂直翻转是［7］、水平翻转是［9］
	可将唛架上选中纸样进行，顺时针旋转是［1］、逆时针旋转是［3］

注　9个数字键与键盘最左边的9个字母键相对应，有相同的功能；对应如下。

1	2	3	4	5	6	7	8	9
Z	X	C	A	S	D	Q	W	E

注　【8】&【W】、【2】&【X】、【4】&【A】、【6】&【D】键跟【NUM LOCK】键有关，当使用【NUM LOCK】键时，这几个键的移动是一步一步滑动的，不使用【NUM LOCK】键时，按这几个键，选中的样片将会直接移至唛架的最上、最下、最左、最右部分。

附录3　虚拟试衣软件CLO3D快捷键

快捷键	工具名称与用途	快捷键	工具名称与用途
A	变换部分工具	ALT+1	粗糙纹理
B	缝纫编辑	ALT+2	纹理
C	编辑曲线工具	ALT+3	单色纹理
V	编辑曲线点工具	ALT+4	透明纹理
X	加点／分割线	ALT+5	网格
H	多边形工具	ALT+6	应力图
S	矩形工具	ALT+7	应变图
E	椭圆工具	ALT+8	拟合贴图
G	多边形内部线	CRTL+O	打开文件
R	内部椭圆工具	CRTL+S	保存当前格式
I	勾勒轮廓	CRTL+Z	撤销
Z	编辑纸样工具	CRTL+Y	重做
N	段缝纫	CRTL+F	重选3D布局
M	自动缝纫	CRTL+B	反向缝纫
T	编辑纹理（2D）	CRTL+A	选择所有
J	编辑明线	CRTL+K	冻结
K	分割明线	CRTL+H	硬化
L	自由明线	CRTL+SHIFT+S	保存一种新格式
；	缝纫明线	SHIFT+C	显示服装
W	单针／固定针	SHIFT+S	显示3D缝份
Q	选择／移动	SHIFT+A	显示模特
SPACE	模拟／空格键	SHIFT+X	显示X光骨骼
F5	刷新纹理	SHIFT+F	显示安排点
F9	3D窗口尺寸	SHIFT+T	显示2D纹理
F10	3D快照		
F12	2D窗口属性		
1	左侧45°视图		
2	正视图		
4	左边全侧视图		
5	顶视图		
6	右边全侧视图		
8	后视图		
0	底视图		